只要坚持，
梦想总是可以实现的！

墨陌／著

南京出版传媒集团
南京出版社

图书在版编目（CIP）数据

只要坚持，梦想总是可以实现的！ / 墨陌著. -- 南京：南京出版社，2016.5

ISBN 978-7-5533-1293-4

Ⅰ. ①只… Ⅱ. ①墨… Ⅲ. ①成功心理—通俗读物 Ⅳ. ① B848.4-49

中国版本图书馆 CIP 数据核字（2016）第 071011 号

书　　名：只要坚持，梦想总是可以实现的！
作　　者：墨　陌
出版发行：南京出版传媒集团
南　京　出　版　社

社　　址：南京市太平门街 53 号　邮编：210016
网　　址：http://www.njcbs.cn　淘宝网店：http://njpress.taobao.com
天猫网店：http://njcbcmjtts.tmall.com　电子信箱：njcbs1988@163.com
联系电话：025-83283893、83283864（营销）　025-83112257（编务）

出 版 人：朱同芳
出 品 人：卢海鸣
责任编辑：严行健
装帧设计：金　刚
责任印制：杨福彬

印　　刷：北京毅峰迅捷印刷有限公司
开　　本：889 毫米 ×1194 毫米　1/32
印　　张：8
字　　数：126 千字
版　　次：2016 年 05 月第 1 版
印　　次：2016 年 05 月第 1 次印刷
书　　号：ISBN 978-7-5533-1293-4
定　　价：35.00 元

有位木匠将一棵树做成三个木桶。

一个装粪，就叫粪桶，众人躲着；

一个装水，就叫水桶，众人用着；

一个装酒，就叫酒桶，众人品着！

桶是一样的，因装的东西不同命运也就不同。

——人生亦如此，有什么样的观念就有什么样的人生，有什么样的想法就有什么样的生活！

目录 CONTENTS

第一章 想得太多，必有所失

第二章
别想一下子就造出大海

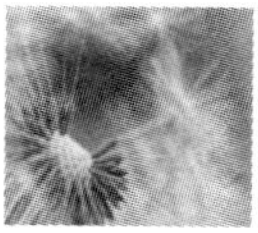

第三章
自救是最后的生存之道

第四章
人所不欲，勿施于人

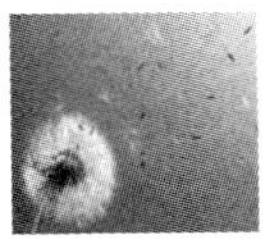

第五章
痛苦，才是人生之路

第六章
黑暗着开始，明亮着结束

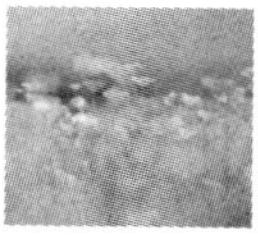

第七章
人生不可虚度

第八章 成就与智慧总是在一起的

第九章 财富是智慧积累的结果

第十章
适度地享受，适度地工作

目 录

c o n t e n t s

只要坚持
梦想总是可以实现的

第一章

想得太多，必有所失

人与人之间的根本差别并不是天赋、机遇，而在于有无目标。

成功是用目标的阶梯搭成的。所谓成功，就是实现既定的目标。所以，成功的第一步，应从设立目标开始。

不少人终生都像梦游者一样，漫无目标地游荡。他们每天都按熟悉的“老一套”生活，从来不问自己：“我这一生要干什么？”他们对自己的作为不甚了了，因为他们缺少目标。

对于没有目标的人来说，岁月的流逝只意味着年龄的增长，平庸的他们只能日复一日地重复自己。有人说，一个人无论现在年龄有多大，他真正的人生之旅，都是从设定目标的那一天开始的。以前的日子，不过是在绕圈子而已。

成功，从学习关于目标的学问开始吧。

目标太多只会让人更加迷茫

作家爱默生曾经说过：“生活中有一件明智事，就是精神集中；有一件坏事，就是精力涣散。”如果一个人想要实现的目标太多，必然无法精神集中，从而导致精力涣散，最终只会让人更加迷茫。

有位青年去某公司应聘广告设计，经过层层筛选，他进入了试用期。经理派给他一天的工作任务，他用半天时间就完成了，时间长了，这位青年就利用剩下的时间写作。经理发现了好几次没说什么，但这位青年还是被经理叫到办公室去谈话。经理问他喜欢做什么？这位青年说：喜欢设计，喜欢写作，喜欢摄影等等。经理先跟他讲了一个故事，故事是这样的：一天，森林里来了三只猎狗，正看到一只土拨鼠，于是三只猎狗就拼命地追那只土拨鼠，然后土拨鼠钻进一个树洞底下。要知道，这个树洞只有一个洞口，于是这三只猎狗就死守在这个洞口边上。不一会，一只兔子从这个洞口猛的冲出去！这三只猎狗看见了就追那只兔子，这时这只兔子就爬到一棵大树上，在树上嘲笑树下的三只猎狗，谁知道这只兔子得意忘形，从树上掉下来砸晕了这三只猎狗，趁机逃了！

故事结束了，讲到这里，经理停下来问这位青年，你发现这个故事有什么问题？这位青年说：第一，兔子不会爬树，怎么可能爬上树？第二，这个兔子怎么可能一下子砸晕三只猎狗呢？经理说：你很细心，分析得不错！但是你有没有注意到那只土拨鼠哪去了？这时这位青年才想起来那只土拨鼠哪去了？忽略了那只土拨鼠。经理说：你到公司来目的是什么？人的目标不能太多，至于你的写作等等，只能当作你的业余爱好！从那以后，这位青年努力把设计做得比以前更好，两年之后，广告界多了一位业界精英。

想法太多的人常会由于目标太多堕入空想，从而导致自己不能够专注地去做事，不能把精力集中到实现某一具体目标上。这种行为是造成一个人事业失败的一个重要因素。一个人如果想做的事太多，结果常常会不尽如人意，最终一事无成。

想法太多，或者喜欢空想，这种弱点经常出现在喜欢冒险的人身上。这些冒险者发达起来时，无论做什么生意都赚钱，他们相信自己会一直飞黄腾达下去。那些想法太多的人必然失败，而这一失败的根源在取得成功的那一瞬间就埋下了。偶尔的成功使他们对生活和未来产生了种种不切实际的幻想。

导致这些人从成功走向失败的根本原因是，目标太分散以致无法集中精神。这也是手表定律的演绎：只有一只手表，可以知道是几点，拥有两只或两只以上的手表，却反而无法确定是几点了。

成功的大门永远向那些有目标、专注于目标并为之努力的人们敞开。有目标的人，知道他自己应该向着何处前进，那么，他就比那些游移不定、不知所从的人更有成就。没有目标，或目标太多，就不能迅速地前进。有人曾经这样说："如果你不知道你是往何处去，便不会达到什么特殊的目的。"

想法太多，或者要想实现的目标太多，跟没有想法没有目标最终是一样的结果。

"目标太多"的结果，只能是"失去目标"。龟之特性在慢，在慢功细活上下功夫才能有所得，它要在快跑上与兔比拼，没有不失败的。鲲鹏之特性是在展翅高飞，在志向远大上下工夫才能有所得，它要在低空穿行上与燕雀比拼，没有不失败的。所以“忙忙碌碌”的结果，只能是“碌碌无为”；“目标太多”的结果，只能是“失去目标”；盲目比拼的结果，只能是“一声叹息”！“士人有百折不回之真心，才有万变不穷之妙用”，不锁定一个目标而四处打转，就不可能期望成功。

聪明的人，他的目标总是简单而清晰的，因为他清楚地知道目标太多只会让人更加迷茫，很多时候，简单就是一种聪明。

人生的精彩来自于目标的精彩

正如空气、阳光之于生命那样，人生须臾不能离开目标的引导。每一个精彩的人生，无疑都有一个经常的目标在做指引。

有了目标，人们才会下定决心攻占事业高地。有了目标，深藏在内心的力量才会找到"用武之地"。只要你选准了目标，选对了适合自己的道路，并不顾一切地走下去，终能走向成功。确定了目标并坚定地咬住目标的人，才是最有力量的人。目标，是一切行动的前提。事业有成，是目标的赠予。确定了有价值的目标，才能较好地布局好自己的时间和精力，较准确地寻觅突破口，找到聚光的"焦点"，专心致志地向既定方向猛打猛冲。那些目标如一的人，能抛除一切杂念，会聚集起自己的所有力量，成为工作狂，全力以赴向目标的高地挺进。只有目标始终如一，才能焕发出极大的生存活力；

只有超越了生命本身，人生才可以不朽。

有目标的人，就有一股巨大的，无形的力量，将自身与事业有机地“化合”为一体。

心中拥有目标，可以给人生存的勇气，可以在困苦艰难之际赋予我们坚忍不拔的毅力。有远大目标的人很少有挫折感，因为比起远大的目标来说，人生途中的波折就微不足道了。

目标，能唤醒人，能调动人，能塑造人，目标的伟力是难以估量的。有明确目标的人，生活必然充实有劲，绝不会因无所事事而无聊。目标能使人不沉湎于现状，激励人不断进取，能引导人不断开发自身的潜能，摘取成功之冠。

可以说，目标对于成功，犹如空气对于生命一样，目标是成功的生命线。对于成功来说，一个人过去或现在的情况并不重要，而未来想要获得什么成就，有什么样的追求才是最重要的。

通常，奋斗者想要成功，最重要的因素是选择目标并做出抉择。

人生的精彩来自于目标的精彩。所谓精彩的目标，就是要做大事，考虑更多的人，更多的事，在更大的范围内解决更多的问题，在更大的空间里产生更大的影响。

你的目标越精彩，你所要解决的问题就越大，你就得有大本事，要有很多知识、技能，有时甚至要超越个人的得失，做出某些重大牺牲。在这一过程中，你逐渐获得了超乎常人的知识和能力，你已经变得那样胸怀宽广，大公无私，你也会取得超越常人的成就，你的人生也就变得更加绚丽多彩。

人一旦有梦想有目标，自然就会为了实现它而发挥更大的心力，人生的光辉由此灿然可见。为什么呢？在为实现理想而奋斗的过程中，人生的乐趣清清楚楚，而生活就会更加精力充沛。

目标远大会给人带来创造性的火花，使人有可能取得成就。正如约翰·查普曼所说："世人历来最敬仰的是目标远大的人，其他人无法与他们相比……贝多芬的交响乐、达·芬奇的名画、莎士比亚的戏剧，以及人们赞同的任何人类精神产品……你热爱他们，是因为，这些东西不是做出来的，而是由他们创造性地发现的。"

目标具有神气的推动力，但是，当人们觉得自己的目标并不重要时，他们为达到目标所付出的努力就没有什么价值。如果他们觉得自己的目标很重要，情况就会相反。为什么人们必须把目标建立在自己的理想上面呢？这就是原因之一。如果你的各个目标组合成了你所珍视的理想，那么你会觉得为之所付出的努力是有价值的。

目标给予人们把握现在的力量。人在现实中通过努力实现自己的目标。正如希拉里·贝洛克说："当你为将来做梦或为过去后悔时，你唯一拥有的现在却从手中溜走了。"

虽然目标是朝着将来的，是有待将来实现的，但目标使我们能把握住现在。要实现任何理想，都要制定并且达到一连串的目标。每个重大目标的实现都是几个小目标小步骤实现的结果。所以，如果你集中精力于当前手上的工作，心中明白你现在的种种努力都是为实现将来的目标铺路，那你就能成功。

还是道格拉斯·列顿说得好："你决定人生追求什么之后，你就做出了人生最重大的选择。要能如愿，首先要弄清你的愿望是什么。有了理想，你就看清了自己最想取得的成就是什么。有了目标，你就会有一股顺境也好逆境也罢都勇往直前的冲劲，你的目标使你能取得超越你自己能力的东西。"

任何一个追逐卓越的人，一定要有精彩的目标。有了精彩的目标后，人生才会精彩！

一次只做一件事

这是一个很多人都听过的故事：

有两个学生拜奕秋为师学习下棋。其中一个学生每次听课都全神贯注，一心一意地听奕秋讲解棋道；而另一个学生虽然很聪明，但上课时总是心不在焉，而且他今天想学下棋，明天又想学画画，不时地有新想法冒出来。一次上课时，有一群天鹅从他们头上飞过，那个专心的学生连头都没有抬一下，浑然不觉。而心不在焉的学生虽然看着也像是在那里听，但心里却想着拿了箭去射天鹅，而且想着有一天要做一名出色的弓箭手。若干年后，那位专心致志的学生成了一名出色的棋手，而另一位呢，却一事无成。

一般情况下，人对生活的迷失都是所要或所想的太多，而又一时达不到目标造成的。这种想法使很多人不能将精力专注于一项事业，他们总是目标多多，反而错过了许多近在眼前的景色，丢掉了一些可以马上把握的机会。人无法专注，总是做着这件事，又想着那件事，结果什么都做不好。内心的挫折感不断加大，结果只能是脚步匆匆，再也没有宁静。

一个人的精力是有限的，把精力分散在好几件事情上，不是明智的选择，而是不切实际的考虑，因为在通常状况下，这几件事情都不会做得很好。而如果每次我们专心地只做好一件事，精力便能够集中，也必定有所收益。等这件事做完后，再去做下一件事，这样我们每件事都能够做得很好了。

如果问世界上最紧张的地方是哪里，答案可能要数只有10平方米的纽约中央车站问询处了。每一天，那里都是人潮汹涌，匆匆的旅客都争着询问自己的问题，都希望能够立即得到答案。对于问询处的服务人员来说，工作的紧张与压力可想而知。可柜台后面的那位服务人员看起来一点也不紧张。他身材瘦小，戴着眼镜，一副文弱的样子，显得那么轻松自如、镇定自若。

在他面前的旅客，是一个矮胖的妇人，头上扎着一条丝巾，已被汗水湿透，充满了焦虑与不安。问询处的先生倾斜着上半身，以便能倾听她的声音。“女士，你要问什么？”他把头抬高，集中精神，透过他的厚镜片看着这位妇人，“你要去哪里？”

这时，有位穿着入时，一手提着皮箱，头上戴着昂贵的帽子的男子，试图插话进来。但是，这位服务人员却旁若无人，只是继续和这位妇人说话：“你要去哪里？”“春田。”

“是俄亥俄州的春田吗？”“不，是马萨诸塞州的春田。”

他根本不需要行车时刻表，就说：“那班车是在 10 分钟之内，在第 15 号月台出车。你不用跑，时间还多得很。”

“你是说 15 号月台吗？”“是的，太太。”

女人转身离开，这位先生立即将注意力转移到下一位客人——戴着帽子的那位身上。但是，没多久，那位太太又回头来问一次月台号码。“你刚才说是 15 号月台？”这一次，这位服务人员集中精神在下一位旅客身上，不再管这位头上扎丝巾的太太了。

有人请教那位服务人员：“能否告诉我，你是如何做到并保持冷静的呢？”

那个人这样回答：“我并没有和公众打交道，我只是单纯处理一位旅客。忙完一位，才换下一位，在一整天之中，我一次只服务一位旅客。”

说得多好！在一整天里，一次只为一位旅客服务。这话堪称至理名言。“一次只做一件事”，这可以使我们静下神来，心无旁骛，一心一意，就会把那件事做完做好。倘若我们好高骛远，见异思迁，心浮气躁，什么都想抓，最终猴子掰玉米，掰一个，丢一个，到头来两手空空，一无所获。

大凡成功人士，都能专注于一个目标。林肯专心致力于解放黑人奴隶，并因此成为美国最伟大的总统。伊斯特曼致力于生产柯达相机，这为他赚进了数不清的金钱，也为全球数百万人带来了不可言喻的乐趣。

每天都花一点点时间问一下自己的内心：你真正想要的是什么？什么才是你人生中最主要的？慢慢地，你会发现，那些遥远的不切实际的东西都是你行动的累赘，而那些离你最近的事物才是你的快乐所在。把精力集中在最能让你快乐的事情上，别再胡思乱想偏离正确的人生轨道。

只要我们一次只专心地做一件事，全身心地投入并积极地希望它成功，这样我们就不会感到精疲力竭。不要让我们的思维转到别的事情、别的需要或别的想法上去，专心于我们正在做着的事。选择最重要的事先做，把其他的事放在一边。做得少一点，做得好一点，我们就会得到更多的收获。

目标一定是明确可操作的

1953 年美国耶鲁大学曾做了一项对应届毕业生的研究调查，发现只有 3% 的人有自己的人生目标。20 年以后，也就是到了 1973 年的调查显示，这 3% 的同学比其他 97% 的同学更富有，更成功。

因为这 3% 的同学具有明确的人生目标。制定目标要确实写下想做的事情，列出达到目标以后可以得到的好处，还要列出达到目标必须要克服的障碍。

如果你是一个销售人员，那么你的目标可能是这样的：必须对产品、服务，甚至于生产环节、开发技巧方面的知识，都要非常了解。然后问自己他们是怎么样做的？他们为什么做得那么好、哪些地方超过你……没有计划就是计划失败，所以目标一定要具体。

另外 97% 的人为什么没有像 3% 的人那样取得成功呢？

原因是这 97% 的人没有设定目标，他们对目标不了解，不知道如何设定目标，甚至对失败有一种恐惧感，他们害怕被拒绝，甚至他们认为自己的形象不佳，对自己缺乏热忱。

所以设定目标可以使生活方向和目标明确，你就会专心地去达到目标。当你设定目标以后，可以省下很多的时间，你知道什么时候该做什么，你也可以省很多钱。

目标是人生前进的方向，目标是人生前进的灯塔，人生没有目标就只能庸碌无为地度过一生，做事没有目标只能与失败为伍。所以，不管做任何事都要先制定目标，了解自己的内心需求，明确自己的人生方向，向着目标不懈努力，方能到达成功的彼岸，方能收获成功和幸福。不切实际的目标等同于空想，好的目标是从实际出发的，是明确的，具有可操作性的。

上进心的追求是一种心态更是一种督促人前进的动力，目标是驱动生活的强大引擎，信念是支撑生活的必备武器。目标相助，信念相随，茫然和犹豫就会离你远去。制定目标要从实际出发，执行目标的时候，还要根据现实情况的变化做出新的选择。要知道，工作可以一如既往，而目标应当随着客观情势的变化而变化，只要这种变化是积极的，就应当放下包袱，毫不犹豫地去校正它、实践新的目标，更符合实际情况的目标。但是。这种校正和实践不是简单地否定，而是一种扬弃，是跨越式的进步。总之一句话，目标要切合实际、与时俱进、开拓创新。对于目标我们要切合实际。生活中，我们的目标千千万万，需要我们自己去挖掘。在实际生活工作中，我们制定目标的时候，一定要养成一切从实际出发的好习惯，避免好高骛远，以至于最后一事无成。

大目标的实现是一个渐进的过程，必须脚踏实地一步步前进，急于求成是不行的；一环套一环地前进，前一段是后一段的基础，必须一次做好每一段的事。分段实现大目标不仅有利于避免急于求成的心理，也有助于消除倦怠心理，增强克服困难，战胜挫折的勇气和信心。因此，我们在制订自己的奋斗目标时，不要光着眼于最终的目标，还要考虑到他的长期性，艰巨性，并把它分解为若干个阶段性目标然后依次完成，直至最终实现大目标。因此，我们一定要养成分解目标的好习惯，让自己在获得成功的同时，也更轻松，更快乐。

纵观身边的成功人士，我们会发现他们最大的成功就是在经历大的失败后，跨过一步就得到了他所想要的东西，而那些失败者往往是在即将成功的前一步放弃了。因此，当你快要接近目标时，如果遇上了挫折或是重重艰辛困苦，千万不要放弃，你最大的成功，很可能就在你失败后面的那一步。当然，要坚持目标，并不是要一味地去坚持，我们还要注意以下两点：

第一，坚持目标，不一定坚持方法。我们要听别人鼓励我们坚持下去，但是坚持目标却不见得一定要坚持策略。不妨将坚持和实验精神结合。

第二，明确目标的原因。目标告诉我们所追寻的是什么，但是我们也必须要确定我们为什么要定下这个目标，也就是达到目标后会有什么好处。当我们追寻目标的路途变得艰辛，却还得继续坚持之时，通常推动我们继续努力的就是这些原因，而不仅只是目标本身。因此，我们也要把目光放在好处上。

找准目标，看清目标，努力并坚持下去，有了这样的好习惯，相信终有一天我们能获得成功。

制订一个完成任务的可行性计划

当我们不在因为目标太多而迷失，不再以为目标的可操作性而裹足不前的时候，就是我们开始向目标努力靠近的时候，这个时候一定要制订一个完成任务的可行性计划。

你想在五年之后，十年之后，或者一年之后的今天在哪？这些都是你的目标，你可不想一直待在你现在的位置，但明确你的真正的目标是一件困难的事情。

很多人认为设定人生目标就是找一些遥遥无期的梦想，但永远不会实现。这被看成是只是预言如何实现自己抱负，因为，第一，这些目标没有被足够详细的定义；第二，它始终只是一个目标，而没有相应的行动。

定义你的目标是一件需要你花费很多时间仔细考虑的事情。下面的步骤可以让你开始这样的旅程：

写出一个你的人生目标的清单。人生目标是一件重要的事，换句话说，就是你的人生抱负，不过抱负听起来总像一种超出你可控范围的事情，而人生目标是，如果你愿意投入精力去做，就可能达到的。因此，你这一生真正想要的是什么？什么是你真正想去完成的事情？什么事情如果你突然发现你不再有足够的时间去完成的时候，会后悔不已？这些都是你的目标，把每个这样的目标用一句话写下来。如果其中任何目标只是达到另外一个目标的关键步骤，把它从清单中去掉，因为他不是你的人生目标。

对于每一个目标，你需要设定一个你认为合适的时间框架。这就是你的十年计划，五年计划，还有你的一年计划。其中一些目标可能会有“搁置期”，因为你的年龄、健康、经济状况等，这些你需要用来完成任务的因素需要花一些时间来达成。

下一步描绘你达到每一个人生目标的详细旅程——这才是更让人热血沸腾的部分。对于每一个人生目标，都按照下面的步骤来处理：

首先，把每个人生目标单独写在一张白纸的顶端，当然切记不能太多。

然后，在每个目标下面写上你要完成这个目标所需要但是目前你又没有的资源。这些东西可能是某种教育、职业生涯的改变、财务、新的技能等等。任何一个你在第一步里面去掉的关键步骤，都可以在这一步中补上。如果任何一个目标下面还有子目标，都可以补上，以保证你的每一步都有精确的行动相对应。

在第二步所列出的每项中，写下你要完成每一步所需要的行动。这个可能是一个检查清单，这是你可以完成你的目标的所有确切的步骤。

检查你在第二步里面所写的时间框架，在每一张目标表上写下你所要完成任务的年份。对于那些没有确定年限的目标，考虑一下你想要在哪一年完成它并以此作为年限。检查整个时间框架，为你所需要完成的每一小步，写下你所需要完成的现实时间。

现在检查你的整个人生目标，然后定一个你这周、这个月和今年的时间进度表一以便你自己可以按照预定的路程去完成你的目标。

把所有的目标完成时间点写在你的进度表上，这样你对要完成的事情就有了确定的时间了。在一年的结尾，回顾你在这一年里面所做的，划掉你在这一年里面已经完成的，写下你在下一年里面所要去完成的。

可能你需要花很多年的时间去，比如说，完成一次职位提升，因为你先要去找一份兼职工作，以保证你可以获得更多的钱供你去上完一个在职课程，以拿到 MBA 学位，但你最终会到达你的目标，因为你不但计划好了你要得到什么，并且也计划好了要如何去得到，在得到之前你要做哪些步骤。

写好了目标陈述后，你最好在最初几周每天看一次，看看这份陈述是否准确代表你的人生目标。花几个小时来检查一下自己，看自己是不是能走出已确定的远大目标。你能够以从人生的总体目标开始，找到实现人生总体目标所必须达到的那些主要目标。你也许会想出数百个主要目标。但是你一定要花一些时间仔细检视这些人生主要目标，看看你是否真的觉得它们很重要。你也可以花 1 个小时的时间把每一个人生的具体目标仔细地阅读一遍。阅读的时候，你也可以把一个具体的人生目标分解成几个必须达到的中长期目标，甚至将其分解成每周、每月可以执行的任务。这些活动将帮助你描绘成功的蓝图。

这样处理过每个人生目标之后，你就会懂得要成功就必须做什么，此外我们还需要随着时间的变化、周围情况的变化再次确定你的目标实现的路径：比如说弄清哪几个目标是需要你与别人合作才能达到的。记下需要别人帮助的目标，以及可以给你提供帮助的人等等。

只要坚持

梦想总是可以实现的

第二章

别想一下子就造出大海

把每一件简单的事做好是不简单，把每一件平凡的事做好就是不平凡。别想一下子就造出大海，须知每一个大海都是小河的汇集。

有时候，把握好一件小事，一个细节，可以收获一笔财富，相反，一件小事，一个细节上的疏忽，足以让人葬送一生的幸福，甚至会失去宝贵的生命，做“小事”是一种做事的方法，更是一种人生的态度，不会做小事的人肯定也不会做大事，我们作为企业的员工就应该从小事做起，从本职工作做起，既胸怀大志，又脚踏实地，在“做小事”中历练自己。

正所谓，“天下大事，必作于细”，千里之行，始于足下，从小事做起，尽己所能去做，才能有力地证明自己不是一个庸碌之辈。

成功来自积累

成功来自积累，就像古人说的那样："九层之台，起于垒土；千里之行，始于足下。"

万事万物都有它们生长发展的规律，但是万变不离其宗，它们都会遵循一个从无到有，从小到大，由浅入深，由量变到质变的过程。一个人生下来先学爬，再学坐再学走，而他如果走都不会又怎么会去学跑，就如一棵植物，没有破土萌芽怎么会有抽枝展叶，没有抽枝展叶，怎么会突然有一天就开了花，没有开花怎么就会有结果。前者是后者的基础。后者是前者的延续。

人们常说，兴趣是最好的老师。这里面就深含了成功是从积累开始的唯物主义辩证法。人们对一件事物产生了兴趣，甚至是达到了痴迷的程度，就会自动自发地去学习它，去钻研它，不是年年月月想，而是天天想时时想甚至是分分秒秒都在想。苏轼曾因为写字专注而吃过墨汁，米芾曾因深深留恋墓碑上的帖子而在深更半夜睡在坟墓的旁边，董仲舒读书夜以继日，三年都没去宅旁的花园看一眼——他们后来都成为一代名人，都成功了。

唐代大诗人李白小时候很贪玩，一次遇见了一个老婆婆在磨一根大铁棒子，很是奇怪就跑过去询问："老婆婆您在做什么呀？""磨针。"老婆婆答。"这么粗的一根大棒子怎么能磨成那么细小的针呢？"李白又问。"一天一天地磨下去，终有一天会磨成针的。"李白顿悟，从此发奋读书，勤于积累自己的知识，最后写出的诗篇气势恢宏，浪漫多姿。被后人赞为诗仙而芳名驻世。这就是大家后来耳熟能详的只要功夫深，铁杵磨成针的故事。

读书破万卷，下笔如有神。熟读唐诗三百首，不会作诗也会吟。一回生，二回熟，三回不用请师傅。熟能生巧，巧能补拙。知识积累到了一定的程度就会发生质的飞跃。就会自然而然地达到一种能厚积薄发，能信手拈来，能游刃有余，能如有神助的畅快境地。成功也就自然离的不远了。

北宋著名的政治家、文学家和思想家王安石曾写过一个叫作《伤仲永》的故事，想必大家都知道。仲永五岁就能写诗，堪称奇才，但后来因为其父亲贪图眼前小利而不再让他继续静心学习，而是领着他东游西走到处卖弄赚钱。这使仲永十一二岁时已和常人没有什么差别了，成为一个普通人。这就是不注重自身修养积累的结果。

拔苗助长的寓言大家也听过吧。大家都知道禾苗是要一天天来长的，你不能心急。可那个宋人他等不及啦，结果在那一天他就给他的禾苗统统拨了个高。可想而知啊。他的心爱的苗子都呜呼哀哉了，他痛哭流涕都已来不及。可见欲速则不达，心急吃不了热豆腐。

在走向成功的过程中，在你积累知识的过程中你要保持一种良好的心态。既不要裹足不前，又不能急功近利，要沉住气，要慢慢来，要一步一步地走。许多人在看到自己的努力一时失败或没有成果时，就会忍不住地心浮气躁。

如果你是一个聪明人就会懂得失败是成功之母。有时候失败与成功仅有一步之遥，你坚持下去，积累下去，那么你就会成功。成功从积累开始，积累，它不是一天两天，一个月两个月的事。它是一种长期的转化。要懂得这个过程要遵循这个规律，要既能把握机会，又能顺其自然，顺势而动。瓜熟自然蒂落，水到自然渠成。这个心态还是要具备的。心态在一个人的行进中很重要。学到了这方面的知识我们就要学会应用它，在自己的日常生活中，让它发挥作用。让它告诫你胜不骄败不馁，让它帮助你走向成功。这就叫不是死读书。

牛顿发现了万有引力定律，是一个了不起的发现，那是一种偶然吗？看似偶然却存在着必然。当人们称赞他时，他说，我不过是学会了怎样站在巨人的臂膀上，让自己更为高了一点罢了。虽然是他的谦虚之语。但也道出了一个的道理，那就是他学习了前人的积累成果，这使得他少走了许多弯路。我们中国的航天事业这几年得到了突飞猛进的发展，是一种偶然吗？也是多少代人积累的结晶啊。小到一个人的个人职业，大到一个国家的各项宏伟事业，再大到一个宇宙空间的发展，其间的成功无不都说明了成功来自于积累。

我们看到日本的松下幸之助先生，美国的比尔·盖茨先生，中国的李嘉诚先生等成功人士，他们生下来并不是天生的百万富翁、亿万富豪，有的甚至很穷。但他们不懈追求，不断积累无论是成功还是失败的经验，经过了多少努力多少奋斗，才一步步走向今天的辉煌的。

成功从积累开始。朋友，请你记住这句话，我们学习，我们渴求一个成功的人生，那么就要在平常的日子里注意积累，处处留心。

从每个硬币开始积累

比尔·盖茨，这个名字相信大家都耳熟能详了吧，作为有史以来最年轻的世界首富，他告诉我们：从每个硬币开始积累。

一天，盖茨和一位朋友同车前往一个大饭店开会，然而由于去迟了，以致找不到车位。他的朋友建议把车停在饭店的贵客车位，“噢，这可要多花 12 美元，可不是个好价钱。”盖茨不同意。“我来付。”他的朋友说。“那可不是好主意，”盖茨坚持道，“他们超值收费。”因为盖茨的固执，对他而言如九牛一毛的 12 美元并没有花掉。

到底是什么原因使盖茨不愿多花几元钱将车停在贵客车位呢？原因很简单，盖茨作为一位天才的商人，深深地懂得花钱应像炒菜放盐一样恰到好处。大家都知道盐的妙用。盐少了，菜淡而无味；盐多了，苦咸难咽。花钱也是如此，哪怕只是很少的几元钱甚至几分钱也要让每一分钱发挥出最大的效益。一个人只有当他用好了他的每一分钱，他才能做到事业有成，生活幸福。

与这些“吝啬”的亿万富翁相比，我们身边的许多年轻人却显得十分豪爽。他们动辄吃大餐、抽好烟、穿好衣、租好房——拼命地追求高消费、超前消费，希望借此来炫耀自己的“富有”。但事实上他们并非真的富有，他们微薄的收入刚够生活之需，并不能支撑如此大笔的挥霍。因此，他们很快就把仅有的一点钱花得精光。

大学毕业后，大峰就找到了一份不错的工作，一个月能挣 3000 元左右。然而，几年下来，他非但没有存下一分钱，还欠下了一屁股外债。原来大峰单位的许多同事家庭都很富裕，穿衣打扮、吃喝住行都很阔绰。大峰家来自农村，世代都是农民，为了保住自己的面子，大峰把所有的收入都花在自己身上。大峰买衣服，从来非名牌不买。动辄皮尔卡丹、鳄鱼、苹果。吃饭时，大峰总是抢着买单。只要有同事在旁边，他总是打车回家。此外，大峰还租了一套很是不错的楼房，光租金每月就花掉他 1800 元。

由于不懂得开源节流，大峰成了名副其实的“月光族”。

他不仅每月的工资花得精光，而且总是入不敷出、不得不寅吃卯粮，四处借钱。没有多久，他就债台高垒。不久，由于效益不好，他所在的公司不得不大批裁员，大峰很快就被公司辞退了。这些年，他既没有学到过硬的技术，也没存下一笔救急的钱，只好灰溜溜地走掉了。

像大峰这样的年轻人，在我们的身边并不少见。他们总是认为自己青春年少，应该趁年轻好好享受一番。“年轻是资本”“钱是王八蛋，花完了再赚！”这些都成了他们惯用的口头禅。

西方有谚语：只有傻瓜才把自己刚赚到的钱匆匆花掉。特别是在成功之前，这种做法无异于杀鸡取卵，是没有远见的，更是对自己人生的不负责任。

美好的青春当然应该好好享受，但我们完全可以通过其他方式来享受青春，并不一定非要用挥霍金钱来证明什么。如果我们毫不控制自己的支出，即使金山银山也迟早会挥霍一空，更何况我们只有不多的一点收入。我们应该利用青春年少尽快发展自己的事业，至少为自己的将来存下一笔救命的钱，使自己的将来多一分成功的可能和幸福的保障。

事实上，钱并不是坏东西。当真正的机会来临时，当家庭陷入危机时，当我们亲人需要我们支出一笔救命的钱时，钱将不再是“王八蛋”，而是我们的救星、幸福的天使！

如果没有显赫的身世，没有雄厚的实力背景，我们的成功之路上必将充满坎坷不平。我们必须迈出的第一步，就是通过自己的努力，千方百计积攒自己的第一笔启动资金。俗话说：好钢要用在刀刃上。对于我们来说，这第一笔资金，无异于事业成功的种子。在成功之前，即使再忍饥挨饿，我们也不能拿种子下锅。

今天的我们，要为将来的自己负责，要为尽快地崛起不断积蓄力量，就必须倍加珍惜自己的每一分钱，让每一分钱都用得值得、用得其所，发挥出最大的效能。只有这样，我们才能尽快地积攒一笔属于自己的资金，在机会来临时有足够的实力抓住它，把美丽的梦想变成现实。

小生意也能赚大钱

也许不少人都怀揣着成大商贾做大买卖的梦想，然而，现实的生活似乎难以如愿，常听到有些人抱怨与叹息：一没本钱，二没门路，什么生意也难做成。

果真如此吗？这些人眼中往往只盯住豪华气派的大生意，却看不起小打小闹的小生意，高不成低不就，大钱挣不来，小钱看不上，整天瞎忙活，一年到头仍旧囊空如洗。

生意的大小是由需求的大小来决定的。希望集团的刘永好从做猪饲料起家，世界百货零售业巨头沃尔玛每天要卖多少针头线脑，世界最大的快餐店麦当劳每天要卖多少汉堡鸡腿，他们的钱就是一点一点地赚，财富一天天积累。看看人家能将不起眼的小生意做活做大，也许会对那些梦想创业赚钱又感慨没有机遇和本钱的人有所裨益。

小生意投资少、风险低、回报快，万一投资错了，生意赔了，也不会有多大损失，一般人都能承受得起，及时调整投资方向就行了，“船小好掉头”讲的就是这个理儿。经济界不乏从小生意做起的例子。纽扣、拉链虽小，温州人却能把它做成行销世界的大生意；浙江永康没有铝矿，永康人却从加工铝锅、铝壶做起，让那里成为全国闻名的铝产品加工基地；湖南永兴不产白银，永兴人收购全国各地的废银带回去冶炼，让那里成为“没有银矿的银都”。

河北省阳原县西城镇有一位年轻人，由于当兵的时候在炊事班做过一段时间，学会了拉面的手艺，于是在他退伍就琢磨着回乡后想做点生意，由于没有本钱，只能从小买卖开始。他看到镇里的那些早点摊生意都不错，于是就投资 500 元干起了拉面的行当。他每天赶早将面和好，然后推着车子到街上，支起一个小帐篷，放好桌凳等人们来就餐。尽管他手艺不是太熟练，但由于他诚实经营，货真价实的现场制作让人们放心。很多人都成了他这里的老主顾，生意一天比一天火。几年来，他的拉面流动摊先是改为固定的小门面，到现在已经开成了一家可以同时容纳 200 多人就餐的饭店，固定资产从初始的 500 元达到了 50 万元。不起眼的小生意变成了大买卖。

还有一对夫妇，常年做着不起眼的卖豆腐生意。由于他们不断研究豆腐制作的新工艺，做出来的豆腐不仅鲜嫩可口，价格也合理，因此供不应求。现在，他们的豆腐经常是还没做出来，就被人们预定完了。他们还是当地几家大饭店的固定供货人，一块豆腐虽然只有几分钱的利润，但他们一天销售三四千块豆腐，一年下来就是一个可观的数字了。他们通过做豆腐不仅致了富，在当地率先实现了小康，盖起了小洋楼，还将自己的技术教给同村的人，并在邻近一些村开起了“张记”豆腐连锁店。

事实说明，只要认准了项目，肯下功夫，脚踏实地地去经营，小生意不仅能发家致富，还能为发大财奠定基础，而且小生意的风险相对要小得多。所以，希望有心致富的农民朋友，不访先学点小手艺。然后拿出吃苦耐劳的精神，从小生意做起。要知道积少成多、聚水成河的道理，只要大胆去闯，边学边干，边干边扩大规模，能赚小钱何愁赚不了大钱呢？

不管是规模大小，还是金额多少；不管是新客户还是老客户，对于经商而言，都无一不是自己市场开拓的极好机会。谁认知了这一点，谁就等于抓住了机会，谁不认知这一点，谁就等于丢失了机会。假如谁认为小规模、不值几个钱是属于蛋糕上的葵花子——有它不多、无它不少，满不在乎，更是极端的错误。事实上，你今天不在乎“每一次”，明天不在乎“每一次”，日积月累，大蛋糕也就不属于你了。

生意不分大小，许多大生意往往从小生意开始。既然一时还不具备做大生意的条件，看准了小生意就要大胆去干，不要犹豫，不要彷徨，干了不一定成功，但至少积累了经验，不干则永远没出路。大钱往往就隐藏在这不起眼的小生意里面。

小洞不补，大洞吃苦

这是一个大家耳熟能详的寓言，但是我们却需要时常把它拿出来温故知新，并给自己以警示：

从前，有个人养了一圈羊。一天早上他准备出去放羊，发现少了一只。原来羊圈破了个窟窿。夜间狼从窟窿里钻进来，把羊叼走了。邻居劝告他说："赶快把羊圈修一修，堵上那个窟窿吧！"他说："羊已经丢了，还修羊圈干什么呢？"没有接受邻居的劝告。第二天早上，他准备出去放羊，到羊圈里一看，发现又少了一只羊。原来狼又从窟窿里钻进来，把羊叼走了。他很后悔，不该不接受邻居的劝告，就赶快堵上那个窟窿，把羊圈修补得结结实实。从此，他的羊再也没有被狼叼走。

羊丢了，把羊圈修补起来，剩下的羊就不会再丢。犯了错误，立即改正，就能减少错误。遭到失误，及时采取补救措施，则可以避免继续出现的损失。

现实生活中，这样的事例屡见不鲜。一个看上去极其普通的小小感冒，如不及时医治，有时竟会转化成肺炎，甚至脑炎，夺人之性命；一句看似玩笑话，说者无意，听者有心，有时竟然会酿成大祸；亚马逊流域的一只小小蝴蝶扇了扇翅膀，也许会掀起密西西比河流域的一场风暴，被世人称之为“蝴蝶效应”！

千万别小看生活中的点点滴滴，古人曾说：“千里之行始于足下”，成功就是简单的事情重复去做。每天一点点的进步是简单，之所以有人不成功，不是他做不到，而是他不愿意做那些简单而重复的事情，因为越简单越容易的事情，人们越是不想去做它！我们每个人，如果能够做到每天进步一点点，哪怕是1%的进步，试想有什么能阻挡得了他最终达到成功的彼岸？只要我们明白了成功的道理再加上不懈的追求，那么我们的个人价值定会有所提高，也许长久地坚持会有你意想不到的收获。

同样一个企业，一个部门也是这样的道理，大家的努力又会使我们的集体发生怎样的变化呢？答案不言而喻！

这是一起发生在上海某公寓的诉讼案：公共走道的窗玻

璃破损了，天有不测风云，几天后刮起风下起雨来，窗玻璃跌落，雨水从空洞刮进走道，又从走道流向楼梯。当天晚上温度降至零度以下，雨水结成了冰。第二天一早，某住户上班时一不小心从楼梯的冰上滑下来，摔断了小腿骨，住院前前后后花掉了近3万。

事物有“因”必有“果”。这起案例，成了物业小修养护服务不到位、“小洞不补，大洞吃苦”的典型！

某物业公司经汇总统计发现，小修项目林林总总不下近百种，虽然所需工时及费用较少，项目技术一般比较简单，属于“小损小坏小修小补”的“小事”之列，但由于这些“小事”直接影响了物业使用功能，实为“大事”莫属。物业小修养护服务是常规性、持久性、紧迫性和基础性的物业服务，也是最经常、最直接的为民、便民、利民服务。

管理学中有言曰：“管理无小事”，“细节决定成败”，“小事”的放大效应和叠加效应，最终将决定企业的成败！如此这般，谁敢说小修养护服务是“小事”呢？

同样，我们在追逐进步的同时，要防患于未然，每天警醒自己，注重每一个“细节”、做好每一件“小事”、发现每一个“小问题”。

“河海不择细流故能就其深，泰山不抬起土壤故能成其大”，每天改变自己一点点，每天多做一点点，每天进步一点点，每天努力一点点，成功其实并不遥远。

健康也是积累的结果

如果说知识需要积累，财富需要积累，那么健康更需要积累。

健康的重要性是谁都知道的，锻炼身体对于健康的重要性也是谁都知道的。但知道是一回事，付诸实践又是一回事。

2000 年前的吕不韦说："流水不腐，户枢不蠹，动也。"西方的伏尔泰说："生命在于运动。"两者的意思都差不多。人类早就认识到，合乎人的自然节律的生活秩序和生命运动，是强身健体的必要条件。

所谓合乎自然节律的生活秩序，就是要尊重生命本身的一些内在规律和其承受能力，不要有一些不良的生活习惯。暴饮暴食不行，大怒、大嗔、大醉不行，通宵娱乐、纵欲无度不行，过分劳累、超越体能极限也不行，因为这些都违背了生命本身的自然规律，会对身体健康造成损害。

在运动中有两种需要注意的事项：

1. 自恃年轻，身体好

无论晨昏，我们经常看到锻炼身体的人是中老年人居多，年轻人少。中老年人身体的各个部位都可能出现这样或那样的毛病，有了锻炼身体的紧迫感。许多年轻人早上不起床，睡懒觉，而晚上看电视、玩电子游戏没有节制，甚至无尽无休。他们在健康上挥霍父母给的那点老本，而不知自我积蓄。但老本总有用完的时候，与其亡羊补牢，何不从现在做起呢！

2. 锻炼身体不经常，热情三分钟

健康不是中彩，不会缘于某一种偶然的机遇。不管是谁，都不会一夜之间就有一个强健的身体。健康贯穿于生命的全过程，需要自己一点一滴去积累。人的各个部位和器官需要经常调理和锻炼，才能达到良好的状态。我们羡慕体操运动员强健的体魄和肌腱，他们达到这种状态的秘诀不是别的，是长期刻苦地锻炼。我们普通人不必都像体操运动员那样，因为你不可能有那样的条件，也没有那么多的时间，但锻炼的道理是一样的。不管你采取何种锻炼身体的方式，诸如游泳、散步、打球、做健身操等等，都可以，关键是要持之以恒。坚持锻炼，积以时日，必有效果。若是三天打鱼，两天晒网，效果就微。天天锻炼，风雨不辍，成为你的生活习惯，成为你的生命意识，你的“积累”就会在你的健康上表现出来，你就有了“本钱”，有了值得骄傲的“财富”，有了用什么都无法换来的幸福和快乐。

集腋成裘、聚沙成塔的道理人人皆知，然而，不知道积累健康的人却比比皆是。比如，有的人明明知道不良的生活习惯严重影响自己的身体健康，可他就是不改。吸烟者对包装上“吸烟有害健康”的警示置若罔闻，几近到了麻木不仁的地步！据世界卫生组织公布的资料称：每年全球死于与烟草相关疾病的人数达 350 万，或者说每天约有 1 万人死于与吸烟相关的疾病，其中半数死于中年或 70 岁之前，损失大约 22 年的正常期望寿命。

由此可见，不良的生活习惯，日积月累，天长日久，就会积重难返，影响健康，甚至酿成大祸。反之，平时如果注意积累良好的生活习惯，持之以恒，坚持不懈，必然会身心健康，延年益寿，快快乐乐度晚年。

积累健康是一笔无形的投资，受益的不仅是自己和家庭，而且对国家和社会都是一种贡献。这样的好事，我们又何乐而不为呢？

只要坚持
梦想总是可以实现的

第三章

自救是最后的生存之道

有一个故事说，有人问观音，如果您碰到危难情况时会求谁？观音指着自己说，求自己。

这个世界，永远都是求人不如求己。当在滔天洪水到来前，与其企求老天派一艘船来，不如赶快找一个可以攀搭的木板。人行于世，总会碰到很多简直无法攀登的高峰，碰到无数难以逾越的门槛。回首往事，有多少这样的困难把我们阻碍在了成功的门外。

身处逆境，自救是最后的生存之道，想靠近天空的距离，只有学会飞翔，除了自己，没有人可以拯救你。

学会如何爱自己

“爱自己”就是一次奇妙的探险，如同开飞机一样令人激动，请想象一下，如果我们每个人都有足够的力量，实现自己的梦想，那该有多激动人心啊！请从现在开始学会爱自己吧。

很多人因为在某种程度上缺乏自尊而感到痛苦，有人很难爱自己，因为他们觉得自己有所谓的缺点，要真正爱自己是不可能的，我们通常有条件的爱自己，对别人付出爱也是有条件的。我们总听说，一个人如果不先爱自己，就不会真正地爱别人，当我们看到了自己所创造的这些障碍时，应该怎么办呢？

停止自责，如果我们告诉自己，自己已经很好了，无论发生什么，我们都能轻松地改变生活。如果我们觉得自己不好，就很难改变什么。我们每个人都需要改变，每天都是新的一天，我们的力量能让我们调整生活。

我们不会随时都有安全感，因为我们只是凡人，请别故作完美，那会给自己带来很大的压力，使我们看不到应该怎样治疗自己。相反，当我们看到了自己的创造性和个性时，我们将会赞赏自己的不同之处，每个人在这个世界上都扮演着独特的角色，如果我们自责，就意味着在隐藏自己。

沃林·阿诺曾经诙谐地说过一句话："哦，亲爱的上帝，我祈求忍耐，我现在就需要它！""忍耐"是个很重要的因素，当自己的愿望不能马上实现时，许多人就会觉得很痛苦，我们马上就想得到，我们没有耐心等待。当需要排队或等红灯时，我们也会很烦躁。我们需要答案，需要马上得到一切，我们经常因为自己的不忍耐，使别人的生活发生不幸，不忍耐就是拒绝学习，我们希望不学习或不经过必要的过程就得到答案。

请想想，你的心就像一块荒芜的园地，充满了自我憎恨的荆棘，绝望、愤怒、焦虑的石块，还有一棵叫作恐惧的老树要修剪。如果能把这些丑恶的东西清除了，土地将变得适宜撒种，你撒下一些种子，种下喜悦和成功的小树，阳光将照耀着这块园地，你浇水施肥，用爱和关怀照料着它，那将会多么美好！

我们每个人都会犯错，学习过程中出现失误没有关系，许多人喜欢指责自己不够完美，如果在三分钟内不能完美地做好某件事，就认为自己不够好的话，那就等于不给自己机会。

请不要因为有消极思想而厌恶自己，思想的出现是为了建设我们，而不是为了战胜我们，不必因为自己曾经痛苦的经历而自责，我们可以从这些经历中学习成长，呵护自己的心灵，抛弃犯错的感觉，抛弃指责、惩罚和所有的伤痛。

指责摧毁内在的灵魂，赞美可以塑造灵魂，请认识你的力量，我们是无限智慧的体现，如果你轻视自己，就是轻视创造你的力量，请从最小的事做起，告诉自己，你很棒。如果只试一次就放弃，那肯定没有效果，就算只能做一分钟，也请努力吧！如果你在学习新的事物，以前从未尝试过的，你会越来越觉得轻松和容易，请为自己努力吧！

缺点是你的一部分，就如同我们是上帝的一部分，创造我们的智慧，不会因为我们犯错而厌恶我们，或对我们的儿女发怒，他知道，我们已经做得最好了，他爱自己所创造的东西，就像我们爱自己一样。每个人都曾经犯过错，如果我们还在惩罚自己，那惩罚将成为习惯，让我们不能释放，也不能找到积极的解决办法。

如果你还在对自己说“我讨厌我的工作，讨厌我的家，讨厌我得的病，讨厌现在的友谊，讨厌这，讨厌那”，那么，就很少有美好的事物来到你身边。

不论你的处境多么糟糕，总是有原因的，不然你对生活就找不到解释。《爱你的疾病》一书的作者约翰·哈瑞桑说，生病的人不要因为自己生病或要手术了，而感到自责，他们要祝贺自己找到了安全的治疗方法。不论出现任何问题，我们都可以解决，当我们认识到这点后，就能够找到实现自己理想的办法。

请不要再拖延了，“不满意自己”是一种习惯模式。如果你现在就能爱自己、接纳自己、对自己满意，当有美好的事物出现时，你就会觉得幸福，如果你学会了爱自己，就能爱和接纳别人。

我们不能改变别人，那就先不用管别人，我们不用花那么多力气来改变别人，如果我们把一半的力气花在自己身上，就可以改变自己，当我们改变了自己，别人就会对我们作不同的回应。

那时你会惊讶地发现，原来世界这么的美，而这些都从爱自己开始。

靠努力才能取得成功

当身处逆境、遭遇不顺的时候，或许，我们每个人都指望着一双有力的手及时地伸出，然而，并不是每个人都能够拥有那份幸运。很多时候，过多地期待别人的帮助，会让自己更加无助。这个时候唯有努力，才是走出困境，实现成功的路径。

人是群居的高等动物。人生在世就要融入社会，人与人之间，既要互相搀扶依赖，更要独自的自我奋斗。试想蹒跚学步时，是谁一路搀扶你？是亲爱的母亲；当你初学识字时，是谁耐心辅导你？是敬爱的老师；当你初入社会时，是谁热情帮助你？是真诚的朋友……是的，在我们的人生中，无论何时何地，总有人给我们以搀扶，辅导，帮助。这是最诚挚的爱心在闪光。难怪白朗宁说："把爱拿走，我们的地球将变成一座坟墓。"是啊，每个人的成长都离不开爱心的呵护扶持。

但是，我们不能无止境地完全依赖这种爱心，尤其是我们已由婴幼儿成长为成年人的时候。因为我们还要学会“不求人”——也就是不再依赖。当你已经踉跄而行时，母亲就会放手，让你独自行走，即使摔跤，那也是你成长中的一个过程；当你已学会基本的拼音规则时，老师也会放手，“师傅领进门，修行在个人”正是这个道理，即使你偶尔念错，那也是你学习生涯中的小挫折；当你已懂得社会生存的法则时，朋友更会放手，即使你有失意，委屈，那也是你人生中的挫折和磨炼。如果对你永远扶持，你将不会拥有自己真正的人生。

从规律上说，任何事物都是呈螺旋形曲线向前发展的，心理也不能例外，所以存在低谷时期是正常的。

从生活上说，普通人要面临着“柴米油盐酱醋茶”，每天都要处理繁杂的事务，承受巨大的生活压力，难免会有心烦的时候，难免会遇到生活中的难题，也难免会造成心理上的低谷。就连一些天之骄子也难免有心理上的低潮。

任何低谷并不是什么可怕的事情，关键是要看我们该如何度过这种心理低潮期。有的人遇到困难，就此放弃了，意志消沉、借酒消愁；有的人自暴自弃、随波逐流；有的人向现实妥协，放弃了自己的理想和追求；而有的人，他们没有低头、没有认输，不断审视自己陷入低谷的原因，分析自己的错误，摆脱心理的困境，从而开始新的征程，继续追求自己的梦想。恐怕这已经很能说明为什么有的人成功，有的人失败了吧？

命运对任何人都是公平的，谁都不可能真的一帆风顺，都会碰到这样或那样的难题，经历这样或那样的坎坷，有些人倒下了，可有些人仍旧站起来了，攀离心理的低谷。这就是差别，也是成功与失败的分水岭，这就是成功者与失败者的区别所在。

朋友，不要抱怨别人的无情。人世间有爱心，这固然好，但如果你一味依赖这种爱心，你将一事无成。“求人不如求己”，在最关键，危险的时刻，只有自己才能帮助自己，因为你最了解自己，明白自己的实力，清楚自己的目标。如果你只是坐在原地等待救援，岂不是与守株待兔的宋人一样吗？那将是一事无成，两手空空。

成功的道路是用努力铺就的，凡是与努力不沾边的事情，都可能与成功背道而驰。追求成功的过程是艰难的，需要确立目标，需要树立信心，还需要意志支撑。追求成功的过程往往不是一帆风顺的，在人生奋斗的征途中，失败常常与人做伴，但强者总是不言失败，而且“屡败屡战”。最终取得成功。努力不一定成功，但成功却永远需要付出努力。回顾古今，有哪位伟人是不经过努力就能获得成功的呢？

居里夫人之所以成功的提炼出“镭”，除了有对科学执着的追求和不达目的誓不罢休的持之以恒的精神外，还与她不依赖别人的帮助，自己面对挫折，自我奋斗是分不开的。

孙子夜先生说过：“来，伸出你的手吧，让我们用心紧紧相握，共同搀扶着跋涉人生。”但尤金先生也告诉我们：“当然，自己摸索着走完人生的道路，可能荆棘遍布。但是，自己亲手披荆斩棘，苦尽甘来的快乐，倍感强烈。”

是的，朋友搀扶可以使你走上成功之路的起点，然而，却不能保证他们总是恰当地出现，只有靠自己的努力才能走到成功之路的终点。

不要被暂时的挫折击垮

古今中外那些成功的人，当他们决心把自己的希望和抱负变成现实的时候，即使在重重摔倒以后，总是有理由坚强地站起来，他们从来没有被暂时的挫折击倒，而是勉励自己采取行动，向着目标奋勇攀登。

成功者总是年复一年地致力于某件事，以求得一条最合理的最实际的前进之路。无论面对什么情况，成功者都显示出创业的勇气和坚持下去的毅力。他们以一种大无畏的开拓精神，稳步前进在崭新的道路上，在困难面前泰然处之，坚定不移。

成功者共有的一个重要品质就是在失败和挫折面前，仍然充分相信自己的能力，而不是别人可能会说什么。考察一下一些知名人物的早年生活，就会发现他们中的一些人曾痛苦地遭到老师和同事的阻拦和泼冷水，而反对的焦点却恰恰是后来他们出类拔萃的方面。人们断言他绝对办不成想干的事，或者说他根本不具备必要的条件。但他们不听这一套！坚定地按照自己的信念干下去。

伍迪·艾伦，奥斯卡最佳编剧、最佳制片人、最佳导演、最佳男演员金像奖获得者，在大学里英语竟不及格。

迈尔康·福布斯，世界最大的商业出版物之一——《福布斯》杂志的主编，却没能当上普林斯顿大学校刊编辑。

利昂·尤利斯，作家、学者、哲学家，却曾三次没有通过中学的英文考试。

利文·尤里曼，两次被提名为奥斯卡金像奖最佳女演员的候选人，当年投考戏剧学院时，却没入选，因为主考人认为她没有表演才能。

理查德·马尼博士，神经放射学专家，在医学院一年级时，神经解剖学不及格。

滑雪教练员彼得·赛伯特首次透露他将开创一个新的项目时，大家都认为这简直是天方夜谭。站在科罗拉多大峡谷的一个山顶，赛伯特表述了那个从 12 岁就伴随他的梦想，开始向世人认为不可能的事情进行挑战。赛伯特的梦想——高台跳雪——现在已经成为现实。

年轻的伊内蒂·比萨刚从按摩学校毕业后想在加利福尼亚美丽的蒙特雷地区见习接诊。当地的按摩机构告知该地按摩师为数众多，但却没有那么多的病人。于是在4个月中，比萨每天用10个小时挨家挨户地毛遂自荐，上门服务。他总共敲响了12500扇门，和6500个人洽谈并邀请他们到他未来的诊所就医。作为对他的毅力和诚挚的回报，在接诊的第一个月，他就医治了233名病人，并创下了当月收入72000美元的记录。

大名鼎鼎的可口可乐公司，开张的第一年，仅售出了400瓶可口可乐。

NBA超级球星迈克尔·乔丹曾被所在的中学篮球队除名。

赛拉·霍兹沃斯10岁时双目失明，但她却成为世界上著名的登山运动员。1981年她登上了瑞纳雪峰。

瑞弗·约翰逊，十项全能的冠军，有一只脚先天畸形。

赛乌斯博士的处女作《想想我在桑树街看到的》被27个出版商拒绝。但他没有放弃，终于，第28家出版社——文戈出版社看中了该书的潜在市场价值，很快出版并获得了600万册的销量。

《心灵鸡汤》在海尔斯传播公司受理出版之前也曾遭33

家出版社的拒绝。全纽约主要的出版商都说："书确实好得很。但没有人爱读这么短的小故事。"然而现在《心灵鸡汤》系列在世界范围内售出了 1700 万册，并被翻译成 20 种文字。

1935 年，《纽约先驱论坛报》发表的一篇书评，把乔治•格什温的经典之作《波吉与贝丝》评论为"地道的激情的垃圾"。

1902 年，《亚特兰蒂克月刊》诗歌版编辑退还了一位 28 岁诗人的作品，退稿上写着："我们的杂志容不下你如此热情洋溢的诗篇"，那个 28 岁的诗人叫罗伯特・普罗斯特。

当阿历克斯・哈利还是一个尚未成名的文学青年时，在 4 年中他每周都能收到一封退稿信。后来阿历克斯・哈利几欲停止写作《根》这部著作，并自暴自弃。如此 9 年，他感到自己壮志难酬，于是准备跳海，了此一生。当他站在船尾，看着波浪滔滔，正欲跳海，忽然他听到所有的先人都在呼唤："你要做你该做的，因为现在他们都在天国凝视着你，切勿放弃！你能胜任，我们期盼着你！"在以后的几周里，《根》的最后部分终于完成了。

温斯顿・丘吉尔被牛津大学和剑桥大学以其文科太差而拒之门外。

美国著名画家詹姆斯・惠斯勒曾因化学不及格而被西点

军校开除。

1905 年，阿尔伯特·爱因斯坦的博士论文在波恩大学未获通过。原因是论文离题而且充满奇思怪想。爱因斯坦感到沮丧，但这未能使他一蹶不振。

……

困难重重，幸而，这些人并没被暂时的挫折、失败吓倒，所以我们今天才能听到他们的名字，为他们的成就而喝彩。走出暂时的困境，相信你也会收获属于自己的那份精彩。

在挫折中永点希望之灯

有的人说：人生由三天组成，它们分别叫昨天、今天和明天。

如果你在忙碌的今天为了昨天的失败或不幸而哭泣，那么你的今天就只剩下了泪水，试问，你的明天又将何去何从？在挫折中永点希望之灯，我们就将收获明天的那份美好。

对于很多人来说，对于过去都无法释然。站在时间的长河中，如果不把注意力放在美好的今天和明天，而总是沉浸于往事中，是极不明智的做法。昨天依然和我们有关，但是希望是不可能从昨天产生的，生活的奇迹永远是在今天的主题。每一天的太阳都是新的，不要对于昨天念念不忘，昨天无论是辉煌还是黑暗，都已经成为历史。作为已经翻过去的一页，我们何必要花费精力去自责，去悔恨呢？把握好今天，要为了明天而准备，而不是为了昨天而哭泣。

人生在世，不可能永远风平浪静。在现实的大海中航行，如果因为昨天的风暴，而放弃今天的航线，恐怕那些人生的新大陆永远也不会被发现。成功人士亦是如此，翻阅那些伟人的传奇史，几乎每一个成长阶段都有一些伤口。爱迪生做过无数次试验才找到一种灯丝材料，邓小平三起三落最终让中国走上了改革开放的道路，在这些曲折的道路上，他们都为了昨天动摇了吗？没有。所以不要轻易地放弃，不要让自己陷入过去的沼泽。或许昨日诚可贵，但是今日价更高。

一天，一位得道的高僧休息前吩咐他的小弟子去给佛祖点上香火，这个笨手笨脚的小和尚不小心把香炉打翻了，香灰撒了一地，刚刚插好的香火也断了，差点燃着了整个祭堂。小和尚知道自己闯了大祸，偷偷地躲了起来。

第二日，高僧找不到小和尚，便亲自来到祭堂探究原因，得知了事情真相后，他稍微有些生气，但是很快就平息了下来。他派人去把躲藏起来的小和尚叫来。小和尚因为害怕，哭了一夜，眼睛肿肿的，心想这次肯定被重罚。高僧看了一眼小和尚："你耽误了今天的晨课，知道吗？"

小和尚抬起头，很不解地望着高僧，然后低头主动认错："师傅，我错了。我昨晚打翻了香炉，你不生气吗？为何今日不责罚我，反而仅仅怪我耽误了晨课呢？”

老和尚语重心长地说：“昨天你犯的错误，我是很生气，可是事情已经过去了，再来追究谁的责任已无益处。昨天香灰已洒，香火已断已经是无法挽回的事情了，唯一可以做的便是今天马上换上新的香火，重新点上香火，再把今日的晨课补回来。如果因为昨天的失误，把今天的光阴也赔进去的话，那才是不可饶恕的。你明白了吗？”小和尚听罢，顿悟。

或许我们每一个人都曾经经历过这个小和尚的失误，我们为了昨天的失误而哭泣，甚至放弃了今日应该做的主题，明日再为今日的放弃而哭泣，日日相仿，人生就这样丢失了它的意义。当昨天的事情我们已经无力改变，那么就应该勇敢地去面对它，把握好今天才是最有价值的行为。

在通过成功的道路上，或许荆棘丛生，或许障碍重重，可是所有的这一切都是可以战胜的，关键是你是否具备了战胜它们的决心。昨天的荆棘丛林已经走过，即使伤痕累累，也不能代表我们无法跨越这条路。勇敢地走下去，伤在昨天，勇于今天，那么成功就在明天。

人的一生要经历过无数的风雨，无数的磕磕绊绊。看看我们小时候是如何学会走路的，我们一边学走，一边摔倒，我们没有因为摔倒了，就长哭不起，就拒绝走路。相反，儿时的勇气是巨大的，无论摔得多么疼，哭一下子以后还是要走的，甚至第二天就把昨天摔跤的事情忘记了，或许这就是人坚强的本性。长大之后，这种本性是依然存在的，我们不能让软弱把它掩埋，要如同一个幼儿学走路那般勇敢。昨天的创伤已经结疤，让我们不要再把精力放在它身上了。不要为昨天的失败而流泪，但是要从昨天中吸取教训，避免今天成为第二个失败的昨天。

相信明天更美好是一种积极的人生态度，即使在挫折之中，也要为自己永远点一盏希望之灯，有希望才会有奇迹。希望是现实之舟，放弃了希望，就是放弃憧憬美好的未来。坚持未来是美好的，才能更有力量、更有动力坚持走下去。

人应有所信仰

信仰是一个人的精神追求，它能给人以心理上的安慰，人应该有所信仰，信仰将是人在逆境的黑暗中的那一盏明灯。

可以说，信仰是一个民族不可缺少的一种精神追求。人活一世，不可能是一帆风顺，在人生的道路上，总会遇到这样那样的问题。换句话说，就是人生遇到不如意是非常正常的事情。那么，如何释放心中的苦闷？如何平静地度过那不如意的那段时光？这时就需要有一种信仰来使自己获得解脱。信仰最大的功能就是能够让我们心平气和地去面对我们所遇到的困难与挫折。它能够使我们的心里获得一种安慰，能够从精神上帮助我们渡过难关，获得一种继续奋斗的力量。信仰也是我们精神上获得一种释放不愉快的能量，它存在于我们的日常生活之中，是不可或缺的一个在精神上获得能量的重要方式。人人都需要有一个信仰，这对自己很重要。

西方信仰宗教，宗教是他们的精神生活的一部分。而中国人普遍缺乏专一的宗教信仰。所以，我们所面临的主要问题是重新塑造人们心灵的精神信仰。不然的话，是一个非常严重的事情。有了信仰在心理才不会感到空虚，才不会出现精神上的空虚。信仰有时也能变成一种战无不胜的物质力量。不管怎么说，信仰是一个民族精神的象征。一定要树立信仰来帮助我们渡过难关。信仰是我们精神上的常青树，永远都是我们心中不可或缺的一种东西。

信仰不是迷信，迷信是一种害人的东西，而信仰是帮助我们渡过困难与挫折的精神武器。所以，要坚决反对迷信。可有时信仰与迷信交织在一起，让人难以辨认。那么，在这种情况下该怎么办呢？最好的办法就是让自己好好地体会一下信仰与迷信的不同之处在什么地方。信仰与迷信的最大不同就表现在实践的过程中，二者对困难与挫折采取的态度不同。信仰起的是积极的作用，而迷信起的作用是消极的，而且有时会给我们带来灾难。所以，我们要有信仰，但同时也要摈弃迷信，免得给我们的生活带来不便。

怎样才能一劳永逸的始终如一的拥有一个信仰，实际上这个事情非常之难。但不管怎样，我们都要树立一种正确的信仰观。让我们的信仰能够对我们的生活产生有益于战胜困难与挫折的重要力量。听着音乐，思考着我们的信仰问题。也是一件非常有益的事情。让信仰大放光芒，照亮我们的心灵。

信仰是我们精神生活的重要组成部分。信仰是通往成功彼岸的精神支柱。有信仰与没有信仰，对人们的心里产生的感受是不同的。只要在心里拥有信仰就行啦。

走过这片杂草丛生的灌木丛，让心灵放飞，在天空中体会人间的世态炎凉与人情冷暖。遇到挫折就找信仰来帮助你渡过难关。今生无缘，来生再聚。我们真的有来世吗？人生就短暂的几十年，所以要珍惜今世，不要对来世抱有希望。因为我们根本不知道是否有来世存在。现在遇到的问题不仅有技术层次的，而且还有现实精神方面的，所以，面临的压力也比较大，肩上的责任也是任重道远。无论如何，最终是能够解决这个问题的，要对自己有信心。

信仰不是一个靠外力就能够解决的问题，它是个体自身的问题，是需要自己转变观念，重新审视的一个关于自身发展的重大问题。为什么这么说呢？信仰是受文化影响的，文化因素有时担任着重要的角色。

人生从来就是充满竞争的，在竞争的过程中，必然会有些人失败，有人会低落，这时失败的人就需要获得一种心理安慰，那么，信仰就是非常好的一种自我安慰方式。

只要坚持
梦想总是可以实现的

第四章

人所不欲，勿施于人

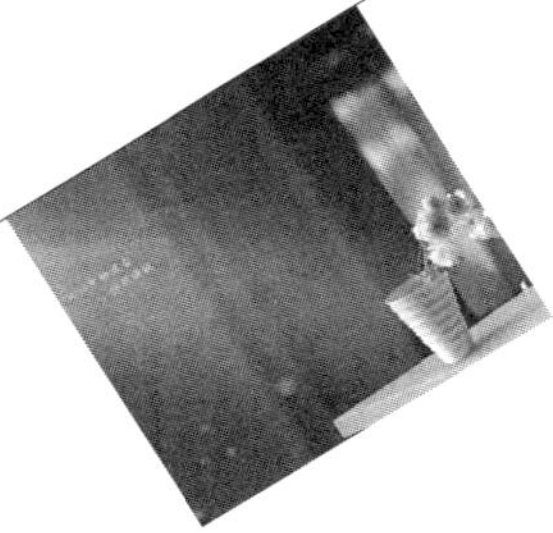

千百年来，我们都反复听到一句话：“己所不欲，勿施于人。”指的是你不希望别人对你做什么，你也不要对别人做这种事情。可是，对待人生还有种态度叫作“人所不欲，勿施于己”。

这是一种睿智的生活态度。

每个人都生活在时间的列车上，这趟车没有终点，每个人都不用买车票，也不用检票，幻想列车能停一会儿，就像时间睡着了，空间里万物的运动会停止，这是永远也不可能实现的。最高的智慧就是认识自己，这个世界上有很多人企图认识自己，他们不惜解剖自己，对生命的各个部分详细研究，直到生命的最初的形态。

其实对待自己，多一份对待别人般的豁达，少一份对自己的苛求，生命的列车将会更加轻快。

自己为难自己是最大的愚蠢

人的一生其实充满了艰辛与困苦。

小时候求学，大了找工作，然后是为了生计、为了爱情在劳累奔波，等到疲倦的时候，年纪大了，身体垮了。这中间的过程是何等的辛劳，何等的无奈，有时候还得看别人的脸色，还得揣摩别人的心思，甚至要学会夹着尾巴做人，如此种种。很多人总是乐此不疲、心安理得；很多人为后代省吃俭用，结果子女不争气，气坏了身子，气炸了肺，体会不到生活的乐趣，一生都为生活所累；很多人追求美好的爱情，信誓旦旦、山盟海誓，到头来却因爱生恨，吵闹不断，成了冤家对头。更多的人在过日子，勉强凑合也好，相敬如宾也罢，生儿育女，平淡度日，然后慢慢到老。

其实何必与自己为难？生命只有一次，能精彩固然好，如果命中注定平庸，又有什么关系？不是所有的种子都能长成参天大树，上天只给了自己草籽，也没有必要悲伤，一样可以在春风中快乐地萌芽！

没有理想的人注定不能成功，理想不现实的人一样会走向失败。人首先要了解自己，洞悉自己的长处与短处，给自己确定恰如其分的人生奋斗目标。

就如自然界是丰富多彩的一样，人类社会本来就应该是多样的。自然不可能给人一样的禀赋，尘世间有人会成为领袖，用思想用权力引领社会前行。但这世界需要更多的是普通人，社会的进步必须由普通人扎扎实实地向前推进，没有无数普通人的辛勤工作，再先进的思想都是空谈。我们不知道是否有神灵在支配着这个世界，但自然确实有一种神奇的力量让人类社会的构成符合实际，就如我们熟悉的蜜蜂世界。可能有人觉得我们这样说是在宣扬天命论，其实不然，我们只是想说明人世间每个人的禀赋确实存在差异，这是符合社会实际的。承认这种差异，才是科学的态度，才是对人自身的负责任。但承认这种差异并不等于就要妄自菲薄，根据自己的天赋，确定最适合自己的人生之路，一个人才可能有更快乐的生活。

别跟自己为难，也就是说不要给自己定下永远不可能实现的目标，更不要太在意别人的目光，让自己总是生活在失望的痛苦中。或者具体地说，可以给自己制定一个个可以操作的小目标，一个台阶一个台阶地前进，总会让人更自信。

别为了升迁而满脸堆笑，那样太别扭；别为了成名而夜以继日，那样太难受；别为了金钱而省吃俭用，那样太清苦。既然做不了官，就做个百姓吧，也许更清闲；既然成不了名，就做个常人吧，也许更逍遥；既然发不了财，就做个平民吧，也许更实在。总之，别为难自己！

学着别为难自己就是学着按照自己习惯的方式做自己喜欢做的事，想唱歌就邀几位歌友去歌厅唱唱，想跳舞就请几位舞伴去舞厅跳跳，总之，别太为难自己。

学着喜欢自己的工作，灵活安排自己的时间，淡定地面对自己的成绩，只要对得起自己的良心；学着和自己喜欢的人在一起，不要总是顾忌什么，不要总是提防什么，让自己全身心放松，想亲昵就亲昵吧，只是别太放纵，想争吵就争吵吧，只是别太当真。

山顶的风光美丽，我们去不必强求自己一定要登上去；

月亮如此皎洁与美丽，我们不必为难自己要将其据为己有。与其为梦的难以实现而苦恼，不如就让我们为山脚的每一处景物喜悦，让每一天都活出精彩！

获得对自己的认同和理解

“理解万岁”是一个让人为之动容的口号，千百年来，人们感慨理解的重要。然而，你想过这样一个问题没有——“你理解自己吗？”

你可能会毫不犹豫地回答：“我当然理解自己啦。连我自己都不理解自己，还有谁理解我。”

显而易见，理解你的人莫过于你自己。你理解了自己的个性、爱好、兴趣、身体、长处、缺点，还是理解了自己的学识、才智、心理、思想、品德、修养，这些是每个人的生命都可以拥有的特征。许多人对自己的理解，其实是一种模糊的概念，他根本就做不到将自己进行一清二楚地进行解析。因此，对自己的理解，只能够说是达到某种理解的程度，而不能说是百分之百的理解。一个人，能否做到正确深入地理解自己，从某些方面来说，也决定着他生活的质量，以及人生所具有的价值。

那么，对自己的理解，本身也是一种自我生命能力的体现。所以，理解自己，是一件非常关键的事。当然，理解自己的途径很多，归结起来，就是要通过现实的展现，再进行分析、审视、解剖、度量、判断，你才能够做到更确切，更真实，更深入地理解自己。

一个人为什么总觉得痛苦？总是与周围的人搞不好关系？总是控制不住自己的情绪？总是改不了自己人格上的毛病？为何矛盾、冲突总是不断地升级？这些问题与一个人的生活经验、思想方法、修养水平、欲望多寡有着密不可分的关系。要改变自己，就要先从了解自己开始。了解自己的一切缺点，针对缺点去修正；了解自己的一切不足，针对不足去学习、去充实；了解自己的一切优点，针对优点去培植、去发扬。了解自己，这是一个人一生的课题。

要做到真正了解自己是很不容易的，需要人的一辈子的努力。人，有个共通点，很容易了解别人，了解自己却很难。这是因为我们习惯观察别人的起心动念、言行举止；而却很少、甚至从不观察自己的一切想法与动作的真实目的。习惯于我觉得、我认为、我想要……一切皆以我为中心，慢慢地就把那个以我为中心的我，当成了真正的“我”。

一个能够正确合理地理解自己的人，他能够敢于正视现实，面对人生的挫折或厄运，他不会唉声叹气，失魂落魄，他会善待别人，也会善待自己。他不会时常牢骚满腹，怨天尤人，他会让自己从头再来，积极乐观地生活，继续奔向自己美好愿望的人生。

一个能够正确合理地理解自己的人，他即使身处高位时，不会盛气凌人，恃才傲物，狂妄自大，他会谦虚谨慎，以礼待人，以诚接物，尽心合理地把握好接物待人的尺度。

一个能够正确合理地理解自己的人，他的地位不管有多么低微，就算是贫寒交加，处境艰难，他也不会卑躬屈膝，垂头丧气，死气沉沉，他会不声不响，自尊自强，光明正大，坦然地寻找自己的出路。

一个能够正确合理地理解自己的人，要敢于解剖自己，扩充自己，在现实中认识自己的长处与短处，也要善于理解别人的长处和短处，发挥自己的长处，借用他人的长处弥补自己的短处，以此来提高自己，发展自己。因而，方方面面不要高估自己，也不要贬低自己，以对待自己的态度去对待别人，更不要嫉才妒能，挑剔他人的缺点，要以坦荡的胸怀宽以待人，严于克己。

正确合理地理解自己，需要有自知之明，用理性的思想和真实的态度来审视自己，度量自己，像芸芸众生那样，有一颗平凡和善的心。身处物欲横流的滚滚红尘之中，千万不要心高气傲，眼花缭乱，不择手段，豪取强夺，要理性地看待诸事万物，做到心静如水，少些冲动与盲从，多些冷静与理智，取之有度，爱之有诚。

正确合理地理解自己，就需要善于不断地修正自己，改变自己，掌握时机，克己进取，扩充自己，提高自己。在能力上，不断进步，磨炼自己，追求成功，不屈不挠；在欲望上，淡泊名利，从容不迫，追求平淡，坦诚真实；在道德上，修身养性，严于克己，追求高尚，理智诲人；在学问上，脚踏实地，武装自己，追求建树，深于精湛。

人只有理解了自己，才能理解他人，获得良好的人际关系；人只有理解了自己，才能扬长避短，把握机遇，建功立业；人只有了解了自己，才能将自己提升、美化、升华。只有这样才能使自己的人生更加充实而且美满。

学会与自己相处

我们从生下来开始就和形形色色的人打交道，每天和不同的人相处。可是，有一个和自己朝夕相处的，或许是我们最容易疏忽和遗漏的，那就是你自己。

其实心灵的力量是每个成功之人必须培养的，也是很容易培养的，因为人的心灵原本是很单纯的，唯一的要求是相信自己，肯定自己，相信自己是个好人，勤奋、努力、认真、节俭，肯定自己的大方、仁慈、善良……但是，要人相信自己的最大困惑，就是总是与别人比较：我不够好，因为别人比我好；我不够仁慈，因为有人比我更仁慈；我不够漂亮，因为……

活着，是一种责任，最重要的是要有爱，爱自己，爱他人，这才是生命的意义。学会爱自己的第一步，是不要用别人的标准来评判自己，而必须建立起自己的一套价值标准。然后把它作为生活的依据。我们还必须学会与自己相处，不要常常批判自己。大家不妨通过以下方法帮助自己喜欢自己。

1.“与自己比较”

尝试着跳出“与别人相比较”是模式，而成为“与自己比较”的独立自我。做到这一点很容易，因为我们从小到大所受的教育与社会影响多半是与别人比较，我们已经养成了习惯，但习惯是可以改变的，凡事开头难，最好找一个朋友一起努力，彼此鼓励，彼此切磋与支持。

2. 写下你所有的优点

有的人在写自己的优点时觉得很困难，但要他们写缺点时，却又快又好，所以请大家花点时间想想自己的优点，若想不出来，就问问家人或朋友，有时候反而是别人知道我们的优点比我们自己多。

3. 每天早、中、晚念三遍自己的优点

刚开始觉得不自然，甚至有些虚荣，有了这种感受仍然去做，再做一段时间之后，你就会发觉自己的优点逐渐增多了，那就加上吧，越多越好。

4. 每天记下自己所做的事

如在“努力、认真、勤劳”等上面划一个记号，在需要改进的事及欠缺的方面如“骄傲、懒惰”等上面做一个记号，在晚上做一个总记录，做完记录之后，好好地欣赏与肯定自己的进步，对需要改进的事则告诉自己说：今天我有自私，明天就会改进，做得更好些。要谢谢今天所发生的一切，感谢它们使自己有学习、改进和成长的机会。

5. 用幽默的态度

“嘲笑”自己做得不够好的地方，而不要严肃地责怪自己：你看，你又犯毛病，怎么搞的，你怎么这么笨，老是学不会，难怪别人不喜欢你！——转换成：你看你，又犯错了？我是很努力了，但瑕疵要小心点，更努力点。

6. 学会爱自己

每个人都有一定的作用，可以在生活中表现出来，这种作用必须依着自己的个性表现出来，而不模仿他人，明白了这一点，才会对自己产生信心。

懂得爱自己，就不要苛待自己，再完美的人也会和一般人一样犯错误，我们何必因此痛恨自己，不爱自己了呢？有时候，我们要练习自我放松，取笑自己的某些错误。要学会喜欢自己，因为只有喜欢自己的人，才会让别人喜欢。“自爱”——喜欢你自己，对每一个正常人来说，是健康的表现。

为了从事工作或达到某项目标，适度关心自己是绝对必要的。因此要想活得健康、成熟，“喜欢你自己”是必要条件之一。

很多人习惯于对自己说“不”，我不会，我不好，我不漂亮……其实，这样贬低自己、否定自己并没有给自己带来轻松和快乐，反而心情越来越灰暗，自卑感越来越重。也许，换一种心态面对自己，可能会呈现转机。例如：我已经努力了，可我的学习总是不好——试着这样说：怎样努力才能真正提高学习呢；我害怕换另一份工作还是会做不好——可以这样说：换一份工作先做做看，改变一些工作方法，也许会有一些进步；为什么我的努力总是达不到我的期望值？——这样告诉自己：我的每一次努力都比以前更进了一步，等等。

把“不”字从自己的字典里除去，是我们爱自己的第一步。生活中充满了暗示，我们时刻在受暗示的影响。比如，当一个人说自己“不好”时，他可能会时刻向别人证明自己的确是“不好”。一个时刻贬低自己、否定自己的人，可能处处都在表现自己真是比别人差。

因此，去掉消极的暗示，多给自己灌输积极的暗示，赞美自己、鼓励自己，是每一个爱自己的人给自己最好的礼物。

爱一个人才会更好地和那个人相处，所以学会和自己相处自己试着爱自己吧。

每个人都需要自我鼓励

生活在平淡中，常接受别人的鼓励，也常鼓励着别人。很多时候因为朋友同事、亲人的一个眼神，一句话，激情和能量在鼓励中爆发，释放和惊喜和奇迹因为鼓励而诞生。鼓励像风雨中火热的旋律，激起层层希望，让你微笑着克服重重困难，知难而进，继续努力工作。然而很多时候生活中的坎坷，社会中的风风雨雨，总需要每个人默默承受。这个时候的人是更需要鼓励的，没了别人的鼓励，不妨自己鼓励自己。

鼓励与祝贺不同，祝贺常在成功与辉煌时登场，而鼓励却大多在失意与沮丧中出现。没有锦上添花的美妙，也没有甜言蜜语的快感，却有雪中送炭的及时。鼓励像坚毅朴实的铺路石，筑就从失败通向成功的桥和路。像香醇可口的美酒，沁人心脾激励着人们奋发向上。

人失败总是难免的，可怕的是人的信心在失败的愁绪中渐渐退却。生活的快乐，多彩的人生全都被灰暗所替代，此时，再没有比鼓励更能振奋人的精神，焕发人青春的勃勃生机。

在短暂的人生旅途中，一定会充满痛苦与欢笑。欢笑，每个人都知道怎么去度过，怎么把快乐与他人分享，但在痛苦沮丧和失落的时候，并不是每个人都能熬过去的，有些人可能会因此一蹶不振，一旦趴下就再也没能够站起来，终日如同行尸走肉般游荡在这人世间，没有想法，没有盼头，只当活一天，算一天；而有些人不然，不管遭受了多么可怕的事情，经受了多么沉重的打击，他都会挺住不会倒下，重新调整自己继续前进。为什么同样处于困境，他们会有如此不同的反应呢？可以给出这么一个答案，后者的不屈不挠和顽强的意志源于他们还心存希望，因为他们时刻自我激励，相信如果坚持永远不放弃自己，终有一天，一切会好起来的，所谓“不信上帝，只信自己”！

记得有一位著名的心理学家曾经说过这么一句话：往往决定人们命运的并不是他所处的环境，而是他对这一环境所做出的反应。

有这样一个在冻藏库里工作的年轻人，有一天下班，他忽然发现自己有东西落在里面了。于是，他就转身回去拿，然而就在他取回了东西要出去时，竟然惊恐地发现自己被反锁在里面了，原来，粗心的看门人以为里面没有人了，就锁好门提前下班了。多年在冷藏库工作的他十分了解，这里的温度超低，常人是不能承受几个小时的，更何况是一夜呢？

第二天，冷藏库的大门被打开，人们发现了他已经被冻得僵硬的尸体。一切似乎都是预料之中的，然而一位细心的冷藏室的工作人员忽然惊呼道："天哪，这不可能！他怎么会被冻死了？昨晚突然停电了啊？"

如果真如他所言，冷藏库在停电的状况下是不可能还一直维持着超低室温的，果然，经有关人员察看昨晚的温度记录，温度虽不与室外一样高，却也不至于低到能将人冻死。

那这个人究竟是怎么死的呢？这个故事里没有人为的谋害，真相既简单又复杂，是他自己害死了自己！自从发现自己被反锁的那一刻起，他就不停地对自己做消极的心理暗示："完了，我一定会被冻死，这里的温度这么低！""啊，为什么会是我，为什么老天爷对我这么不公平啊！""为什么会这样，啊，这里好冷啊，好冷，我快撑不住了！"所以，这个人与其说是被冻死，不如说是逐渐失去了生存的意志而一点一滴地慢慢地绝望地死去的。

我们不难设想另一个情景相同，结局却截然不同的故事，同样是一个人发现自己被反锁在了超低温的冷藏库里，但是，他在经历了最初的惊恐害怕无助的情感体验以后，没有这些极度消极的情绪持续不断地缠绕，他命令自己冷静下来，他对自己说："我一定不可以放弃，虽然现在的情况确实很糟糕，以前从未遇到过，可是，只要我能够冷静下来，想想应该怎么办，只要我能坚持住，情况就不会变得更坏。一定要冷静，一定要坚持……要冷静，要坚持……"

如果是这样一个镇定又坚持，会时刻进行自我激励的主人公的话，相信故事的结局就可能不再是一个悲剧，也许反倒是一个励志的小故事了。"自助者天助"，在人生的困境里，只要你勇敢地积极地面对一切，不断自我鼓励，相信自己可以战胜一切，相信问题再可怕，只要你能够坚持住，不断地去尝试去努力，老天也会帮你的，问题也一定可以获得解决。

我们每个人不一定会经历那些大风大浪，更多的是，不时遭受到平凡生活里一些小的挫折与打击，学会自我鼓励，自己为自己打气，风雨过后就一定能看见彩虹。

给自己一点心理补偿

人在自己的奋斗过程中，总会有疲惫不堪的时候，甚至在遇到挫折的时候会有放弃的念头，这时候，我们是很需要一种力量的，这种力量能够支撑我们继续努力，或者让我们更有斗志，这就是激励的力量。很多时候人们总是认为激励是要靠别人给的，但是实际上，在适当的时候，自己给自己打气，适时给自己一点心理补偿是十分有益的。

在自己实现了制订的某个计划时，可以自豪地跟自己说声“你真棒”，或者可以吃顿大餐来奖励一下自己的努力，这不仅能让你放松自己，更能激发你继续前进的动力。所以，不要吝啬对的自己的赞美，在适当的时候要给自己一定的奖励。会奖励自己的人更知道怎样让自己一直保持旺盛的精力，这样的人更容易接近成功。

从前，有四个来自不同地方的青年找到鲁班，想要从鲁班手里学到精湛的木工手艺。鲁班拿出四把没有柄的斧头，对四位年轻人说："翻过西山的6个山头，有一片灌木林。我的每一把斧头上都需要一把灌木做的柄，你们四个人去吧。回来后，我会把我全部的手艺都传授给你们。"鲁班的家人从厨房拿出四个干粮袋，装入了等量的烧饼和鸡蛋。对四个人说："去吧，这是你们路上的食物。"四个青年听罢，拿起斧头，毅然决然地背起干粮上路了。

火辣辣的太阳，满路的荆棘，让四个小青年感到疲惫不堪。行到第一座山头的半腰，四个人坐在溪边的草地上，喝了几口甘泉，然后打开了干粮袋。干粮袋里有6个烧饼和6个鸡蛋。一个青年建议说："我们应该爬到山头再吃！"另一个青年冲他一笑说："别傻了，现在我们又饥又饿，还要背着沉甸甸的干粮袋，吃点儿，既解决了饥饿问题，又减轻了身上的负担……"边说边吃起来烧饼和鸡蛋。

听完他的话，另两位青年咽了几口唾液，也拿起烧饼鸡蛋津津有味地吃了起来。一个青年吃了3个烧饼3个鸡蛋，然后躺在草地上拍拍自己隆起的肚皮说："好爽呀！我不上去了，又苦又累。一会儿我就下山，剩下的食物正好够我路上吃。"三个人继续前行。到了山顶，三个青年在树下歇息，半路没有吃东西的青年，打开干粮袋，拿出 1 个烧饼 1 个鸡蛋，说:“终于爬到山顶了，这就是自己对自己的奖励！”“对，我们已经过了一道关，是应该奖励一下自己！”另两个小青年也打开干粮袋吃了起来……到第二座山的半腰，一位青年的干粮袋空了。他躺在草地上懒懒地说：“你们两个走吧，没粮食了我不敢往前走了。”

于是，只剩下了两个人还在继续前行。到了山顶，两个青年在树下歇息。半路没有吃东西的青年，打开干粮袋，拿出 1 个烧饼，1 个鸡蛋，说：“终于又爬到了一个山顶！”另一个青年吃完自己最后的 1 个烧饼，1 个鸡蛋后，望望眼前还有 4 座山峰，说：“求师的路太艰难了，你一个人去吧！”

于是，只剩下一个小青年还在继续在向着理想奔走。每到一个山头，他总会满脸笑容地打开干粮袋，对自己进行成功的奖励……翻过最后一个山头，青年终于看到了师傅说的那片灌木林。在灌木林旁边一块大石上，鲁班师傅笑眯眯地坐在上面。小青年忙上前叩拜，鲁班急忙拉起小青年，问:“其他人呢？”小青年说：“他们半路放弃了！”“那你为什么能一直坚持走下去？”小青年拍拍空空的干粮袋说：“因为有师傅给我的食物做奖励，爬到一个山头，我就会尝到一份成功的喜悦……”不等小青年说完，鲁班就哈哈大笑起来，说：“好，你就是我要找的徒弟了！”

最终成为鲁班徒弟的这个青年，就是很会在适当时候奖励自己的人，他没有把自己食物一次吃完，而是把它当成登上每个山头对自己的奖励，所以，他路上都保持着热情，这份热情伴随着他成功到达了目的地，得到了鲁班的赏识。

通往成功的路是艰难坎坷的，但学会时刻奖励，鼓励自己的人，似乎离成功会更近一些。拿破仑·希尔历来相信奖励制度。当你取得预期的成就时，你奖励自己，小成就小奖，大成就大奖。例如，如果要连续于几个钟头才能完成某项工作，你应对自己说做完了就休息，吃点东西，或看场球赛。但是绝不在完成任务之前就奖励自己。当你取得一项重大成就时，一定要把庆祝活动搞得终生难忘。

只要坚持
梦想总是可以实现的

第五章

痛苦，才是人生之路

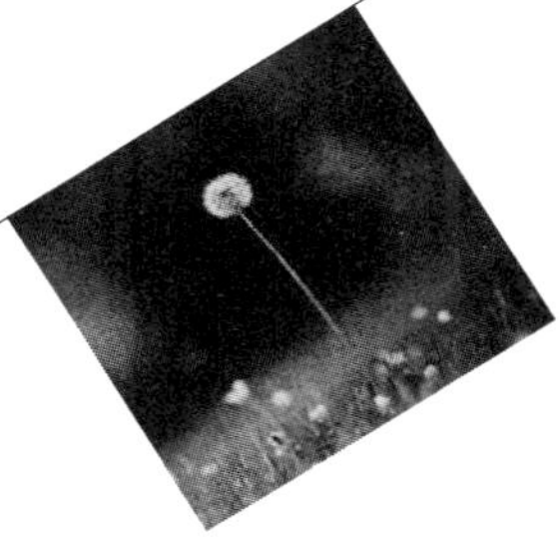

人生就是一条波浪线，有众多的曲折起伏、高峰低谷相互穿插才谱写出生命之歌。处于高峰时，面对辉煌，每一个人的表现都是幸福的，没什么区别；然而当人生的低谷出现时，智者和愚者就表现出了截然不同的做法：智者即使跌到最低，依然心怀希望，不离不弃，做好准备，厚积薄发；愚者则悲观抱怨，一蹶不振，只会哭泣，丝毫不为改变现状而积极努力。

其实，痛苦，才是人生之路，有人欢笑有人哭泣，只是因为他们看待痛苦的方式不一样罢了。

一个成功的人，即使面对着绝境，然后寻找着可以发挥自我优势的机会。国内的历史上，文王拘而演周易；仲尼厄而作春秋；屈原放逐，乃赋离骚；左丘失明，厥有国语；孙子膑脚，兵法修列；不韦迁蜀，世传吕览。国外的历史长河中，释迦牟尼、穆罕默德、林肯等伟人，无不是在看似无路可走的绝境中，重新找到了实现自我价值的路。顺境让人安逸，逆境让人锻炼，而绝境让人重生。

苦难是生存必需的

人类走到今天，不知历经了多少苦难；一个人只有经历了苦难，方能领悟到生存的真谛。经历了苦难的磨炼，你才能够更加强壮。很多人当看到成功人士的光环时，便开始埋怨人生不公，这些人只看到了美好的一面，却没有看到他们也是从风雨中走过来的。没有经历风雨又怎么能看到美丽的彩虹？停止抱怨吧，敢于接受苦难的磨炼才是成功者该有的气魄。

天有不测风云，人有旦夕祸福。苦难和机遇对于每一个人都是公平的，而他们往往也是同时出现的，很多人因为害怕苦难而把机遇也关在门外。苦难并不可怕，可怕的是逃避。看那些碌碌无为之辈，因为苦难而哭泣，因为不顺而惊慌，应该奋起反抗的时候却一蹶不振，丝毫没有斗争的激情，最终被打击得一败涂地。再看那些成功的人，他们微笑地面对苦难，勇敢地接受苦难的锻炼。他们深谙人生的哲理和智慧：苦难既然是成功必需的磨难，那么就让暴风雨来得更猛烈些吧。

杨怀保，一个在苦难中跋涉的年轻人，2006 年湖南省学联授予其“湖南省大学生品学奖”，让我们从他的经历中感悟一下人生。

杨怀保出生在一个普普通通的家庭，然而父母的重病缠身、弟弟的年幼，使这些繁重的生活琐事都压在了他的身上。他从 12 岁起就成了家庭的顶梁柱，一路走到如今，由于那些生活的磨难，在他身上，和同龄人相比，多了份坚强和懂事。

然而，苦难时候从来没停止过对杨怀保的访问，杨怀保上初中时，他的母亲因病丧失了劳动能力，这无疑是使这个贫困的家庭雪上加霜。对于年幼的杨怀保来说，生活的磨难才刚刚开始。读高中一年级时，他的弟弟也开始上学。多病的父亲来到县郊的一个建筑工地上干活，才干了几天，膝盖便被钢筋砸伤。由于没有到正规医院接受手术治疗，父亲的腿落下了后遗症，丧失了干重活的能力，一家人的生活陷入绝境。学校在了解杨怀保的家境后，决定免除他 3 年的学费。在父亲养病的日子里，杨怀保上高二了，家里想办法给他借来了 200 元钱。杨怀保把账一算，每天伙食费等一切开支不能超过两元钱，才能把这个学期读完。于是，杨怀保每天早上买好一天的 6 个馒头，早上吃一个馒头，喝一碗稀饭，中午就去学校餐厅盛一碗免费的汤，和着 3 个馒头吃，剩下的两个馒头晚上吃。那时候，杨怀保正值长身体的年纪，却常常因为饥饿而体力不支。

然而，即使苦难像座大山一般的扑向他，杨怀保还是坚持下来了。高三那年，当别人都在抓紧每一分每一秒冲刺的时候，他利用课下的时间和父亲去县城附近帮人收割油菜和小麦。那段时间里，杨怀保下午放了学便骑自行车带父亲到地里，一直干到凌晨 1 点多。拿工钱的时候，杨怀保惊喜地发现，一个晚上自己跟父亲居然可以赚 60 多元。即便干活耽误了他很多宝贵的学习时间，他依然考上了湖南省的湘潭大学，成为村里第一个大学本科生。高考结束后的第 4 天，杨怀保独自一人来到西安找工作。在班主任老师的催促下，杨怀保揣着打工挣来的 1200 元，开始了他的大学生涯。

在大学里，当别人都在享受初来大学的闲暇和娱乐时，杨怀保却习惯了一下课就穿梭在校园里，寻找着可以赚到生活费的工作。2004 年春节，回到告别半年的家中，杨怀保发现父母的身体状况越来越差，正在长个子的弟弟也十分瘦小，他们都需要人照顾。杨怀保做出了一个令所有人大吃一惊的艰难决定：带着家人上大学。租房子、给弟弟找学校、帮父亲找份力所能及的活，杨怀保终于把一切都打点好，将父亲、母亲和弟弟都接了过来。为了挣钱养家，学习之余，杨怀保四处寻找打工的机会。2004 年暑假，杨怀保在长沙一口气找了 3 份工作：白天骑上自行车，沿街推销口香糖，同时利用空隙兼做某大学的招生工作，晚上则到学生家中做家教。每天杨怀保清早出门，一直要忙到晚上 10 点多。一个暑假下来，他居然有了 5200 多元钱的存款。

2006 年，杨怀保成功加入到了 TCL 公司。然而，因为父母需要人照顾，他最终忍痛把远方的工作辞掉了，选择了留在父母身边，一边读研究生，一边照顾双亲。

短短二十几年，杨怀保却经受了其他年轻人所从来没有遇到过的苦难，然而他丝毫没有向生活的磨难低头。走到现在，他已经跨越了最困难的时期，相信以后的路会越来越好。苦难成就人生。罗曼·罗兰笔下的约翰·克利斯朵夫也是一个苦难的宠儿，从出生到死亡，这个坚强的行者从未因磨难或是诱惑而改变自己心中坚强的信仰。

苦难不但是生存必需的，更是成大事的必经阶段，这不仅仅是一条人生哲理，更是一条人生信仰。有了这样的信仰，无论受到多大的磨难，你都能坚强地走过去。像一首歌中唱的那样：阳光总在风雨后。走过迷雾，阳光就会普照大地。

逆境，是一把成长的钥匙

正所谓“自古雄才多磨难，从来纨绔少伟男”。人在成长和发展过程中受很多因素的影响，在顺境中往往是养尊处优的多，而身处逆境只要去拼搏、往往能成就一番事业，因为，逆境是一把成长的钥匙。

那些在事业上取得成就的人，大多是从逆境中走过来的，像科学家杨振宁、华罗庚，文学家泰戈尔、高尔基等等。人在前进的道路上很关键的一点就是能否正确认识别人对你的评价。这评价可能是正确的，也可能是错误的。尤其是在错误的评价面前，能否让心灵深处的自尊化成前进的强大动力，是取得成功的关键。

古往今来，许多名人志士都从艰苦朴素的生活崛起，他们的背后都隐藏着一个个令人悲痛的故事。

逆境给人才成长制造困难，形成压力和压抑，使人才成常备受挫折。但是，正如《菜根谭》中所说："居逆境中，周身皆针砭药石，砥节砺行而不觉；处顺境中，眼前尽兵刃戈矛，销膏靡骨而不知。"久处顺境，易生骄奢淫逸和惰性。而人在身陷逆境时，资源匮乏，精神压抑，成功欲望迫切，成才动机强烈，因此常常能够取得在顺境中难以取得的巨大成功。事实正是如此，豪门子弟多不成器。而出身贫寒者始终处于忧患之中，逆境使人别无选择，逆境给人很大压力，而压力能激发出强劲动力。当然，这种动力作用，主要还取决于身处其中的成才者所采取的积极进取的人生态度。

树木受过伤的部位，往往变得最硬。人才成长也一样，经历逆境的伤痛和苦难之后，能磨砺出优良的个性。立志成才的青年如果能经历一段逆境的磨难为自己的人生"垫底"，那么以后不管遇到什么意外和困苦之境遇，都能应对和承受。

少时苦难磨砺性情，可激浊扬清成大业。南非前总统曼德拉，年轻时因反对种族隔离制度被捕入狱，白人统治者把他关在荒凉的小岛上整整27年，3名看守总是寻找借口欺侮他。1991年曼德拉出狱并当选南非总统，当年在监狱看管他的3名看守也应邀参加他的就职典礼，曼德拉还恭敬地向他们致敬。如此博大的胸襟让所有到场的各国政要和贵宾肃然起敬。后来，曼德拉解释说，他年轻时性子很急，脾气暴躁，正是漫长牢狱岁月的悲惨遭遇给了他思考的时间，让他学会了控制自己的情绪，学会了如何处理自己的痛苦。磨难使他清醒，使他克服了个性的弱点，也成就了他最后的辉煌。

傅雷曾经说："不经劫难磨炼的超脱是轻佻的。"这句话至为深刻。逆境的一个重要价值，就是使人学会驾驭自己的个性，适度地张扬自己的个性，而不沦为个性的奴隶，并消除个性中的不良倾向，成为一个自身发展和谐的、与社会相融的有用之才。

韩信面对市井小儿的胯下之辱，当时他并不与他们拼得你死我活，而是以这件事来激励自己，后来终成为"汉初三杰"。司马迁面对比死更为耻辱的宫刑之辱，他在这样的环境下，并没有放弃自己的理想，仍然完成了他的巨著《史记》。这样的例子实在太多了。但是他们相同的，都有一颗永恒的心，坚定的信念，越是在恶劣的环境下，就能使自己成功。

当代的洪战辉可谓经受了普通人没有经历过的苦难：2岁那年，他父亲犯了神经病，母亲受不了就离家出走了，他这么小的年纪，就扛起家庭的重担，在我们想来，这是根本不可能的事，而事实恰恰相反，他比我们想象得更强得多，他不仅要照顾家里的事，而且还要靠打工挣钱为自己筹集学费。

他是一个很有责任心的青年。他看见别人遗弃的小女孩非常可怜，就把小女孩捡回家来抚养，本来家里的生活就已十分困难，再加上捡回来的小妹妹，简直就是雪上加霜，但洪战辉并没有被这一连串的困难所吓倒，而是越来越坚强。

他在学校总是取得优异的成绩。老天不负有心人，他终于考上了湖南怀化学院，他读了一个学期，由于连生活费都付不起，他辍学了，他去外面打工，有点积蓄后又回到学校学习，这样反复了几次，最后一次他挣得1500元钱，但是这些钱连学费都不够。经过这么多次，学校知道了他求学的诚恳，也了解了他的家庭情况，并组织师生为他捐款，用这些钱交了学费。

这件事终于引起了新闻媒体的关注，在有关杂志和电视网络上介绍了他克服困难求学的经历，引起全社会的普遍关注，得到很多有情人的同情，并且社会很多人为他捐款。当把捐款交给他的时候，他却选择了拒绝！

他说感谢大家对他的关心，他有自己的双手，他要靠自己的力量养活自己。多么坚强的一个人啊，他用心灵的选择，给人以启迪；用意志选择撑出一片晴空。对生活的膜拜，信心的追求，需要我们坚强地活着，洪战辉的事迹，不折不挠的精神是值得我们学习的。

故天将降大任于斯人也，必先苦其心志，劳其筋骨，饿其体肤，空乏其身，行拂乱其所为，所以动心忍性，增益其所不能。

当人遇到困难、处在逆境时，关键是怎样去看待问题。如果是一味强调条件和客观原因，就会一蹶不振，自暴自弃，一事无成。如果把逆境、把困难当成一种锻炼的机会，知难而上，百折不挠，逆境中就会产生强大的动力。

逆境产生动力，这动力就是人的品质、能力和才干的聚集，当它达到一定的能量时，就会像火山爆发一样，喷涌而出。

不受挫折苦便不知成功甜

想必大家童年的时候都吃过一种苦味糖，这种糖刚开始吃的时候，非常苦，很多孩子因为忍受不了而吐掉，然而只要坚持一小会，外面的苦层化掉之后，剩下的部分就格外甜了。如果因为经受不了苦味而早早地把糖丢弃，那么也就尝不到后面的甘甜了。苦不尽，哪有甘来？人生就是一块苦味糖，先苦后甜，或者苦甜参半才是它的真实味道，如果你因为它的苦味而早早地对它放弃了希望，那么人生的甘甜也永远不会到来。

苦是伴随着一次次挫折和失败衍生的，无数的努力都未成功；甜是通过不懈的努力，成功了；通过辛勤的耕耘，收获了！你一定是欢喜的，快乐的。可是，有时候人生也是艰险的，不过，在人生的道路上。有朋友、家人、亲人的关爱。那么再苦再累的人生也会变得有趣，变得热闹……一切随缘，不要让道路曲折难行。

在现实生活中，人生难免有挫折，偶尔的挫折出现在你的人生当中也在所难免。挫折，能锻炼一个人的意志力，并使之受到了教育，受到了新的启发。挫折也是激发潜意识的一种良药。虽然因为挫折你跌倒了无数次，可是，正是因为它，让我们重新认识了自己。挫折也是人生的一个转折点。所以，不要放弃，你会好起来的，你会振作的。因为，伤口始终是会愈合的。用心去认真体会，也许，你会开朗得更快。无数的努力都未成功；不断地打击你，可是，你要记住，它只是成功对你的考验，因为只有坚持不懈而不半途而废的人，才配拥有成功！加油吧，经历了严厉的考验，通过不懈的努力，你终会到达理想的彼岸！

20 世纪 20 年代，贝里・马卡斯跟随父母从俄罗斯来到美国，全家人在纽威克一个穷人聚居区安顿下来。他的降临让他久患风湿病而无法下床行走的母亲重新可以走路。母亲常常告诉他，对生活要有信心，生活总会苦尽甘来。母亲的能够再次下床行走恰恰验证了母亲的这条口头禅。这种乐观的生活态度潜移默化地影响着他的生活，深深地影响着他以后的事业。

虽然母亲的风湿病没有完全康复，但她从不抱怨生命，她甚至会不时取下手上缠着的石膏绷带，在寒冷的冬天为孩子们洗衣服，在炎热的夏天为孩子们做饭。尽管生活艰辛，母亲始终相信苦尽甘来这一道理。马卡斯从小的理想是上医学院，毕业后成为一名大夫。因为家庭的经济约束，他就近选择了路特格大学的纽威克校区，这样便可以住在家里而省下住校的费用。马卡斯开始学习医学预科课程，成绩十分的优秀。

一天，系主任告诉马卡斯，因为他的优秀，他有了上医学院的奖学金，然而他自己还必须另缴 1 万美元的学习费用。对于当时马卡斯的家庭状况而言，这是一笔巨大的支出，是负担不起的。于是，马卡斯只好退了学，到佛罗里达州去找工作。路上，马卡斯给母亲通了电话，告诉了她这个不幸的消息。母亲的回答给了他勇气："孩子，不要失去希望，不要害怕吃苦，早晚有一天你会苦尽甘来的！"后来，马卡斯在餐馆当了一年服务生，有了一定的积蓄后，他选择了新泽西州的药学院继续他的梦想。毕业后，他开始营销药品，这让他接触到了商品零售业，并开始喜欢上了它，直到他跳槽到西部一个名为"便民"的商品零售公司，他开始了他自己的事业之路。

在“便民”公司，他开始细心的观察周围。常看到不少自己动手装饰和修补住房的人来买各种家装必需品，但他们不可能在一处一次就买齐。一天，他突然有了一个主意：如果能有一家大商场，把所有的家装材料店，如厨卫设备店、涂料店、木材店全都包括进来，顾客岂不更方便？要是所有经销商都懂得怎样修马桶或怎样安装吊扇，岂不更好？这便是马卡斯梦想的起源。1978 年的一天，老板召见他，马卡斯便向老板谈了自己的建议，希望通过他的提议可以把“便民公司”变成一家赢利的大型连锁超市。然而，老板认为这是马卡斯在他面前炫耀才能，于是马卡斯被解雇了！

这个时候，母亲的话再次浮现在他的脑海中，他没有被打到，苦涩给了他更多的力量和勇气，他决定放手自己干。马卡斯利用这个被解雇的机会，决心自己当老板，着手实现创建一个大型家装材料总汇超市的构想。他的这个超市将面向人口众多的工薪阶层，他们是自己动手搞家装的主力，他这样做，正好为他们提供了及时的、恰到好处的帮助。于是，一个名为“家庭”的大型家装材料公司应运而生。在马卡斯的悉心管理下，这个材料公司的生意非常红火，业务已经遍及全美，甚至开始扩展至全球。如今，马卡斯已年满 72 岁，他在零售业营销市场上奋斗了 50 余年。当谈及他的成功，他总是谦虚地说，因为我相信所有的困难都是一种财富，一种经历，最终一定会苦尽甘来的。

人生就是酸甜苦辣的百味瓶，你不可能一路走来都是含着蜜糖的。生活的真谛便是有苦有甜，先苦再甜，吃甜忆苦才是不断交叉的两种人生状态。苦不尽，哪有甘来？用这条人生哲理时刻鞭策自己忍受磨难，不断前进，那么甘甜的生活才会出现。

与其逃避，不如超越

人的一生都不可能是一帆风顺的，每个人都会遇到一些苦难。苦难可以把一个人彻底击垮，不能翻身，但是也可以激发一个人的斗志。关键就在于你是以什么态度去看待这些苦难的。一个障碍，就是一个新的已知条件，只要愿意，任何一个障碍，都会成为一个超越自我的契机，与其消极地逃避，不如积极地选择超越。

这天，素有森林之王之称的狮子，来到了天神面前，说道："我很感谢你赐给我威武的体格、强大的力气，让我有足够的能力统治这整片森林……"

天神听了，微微一笑地问："但是这不是你今天来找我的目的吧！看起来你似乎为了某事而困扰吧！"狮子轻轻吼了一声，说:"天神真是了解我啊！我今天来的确是有事相求。因为尽管我的能力再好，但是每天鸡鸣的时候，我总是会被鸡鸣声给吓醒。神啊！祈求您，再赐给我一个力量，让我不再被鸡鸣声给吓醒吧！”天神笑道：“你去找大象吧，它会给你一个满意的答复的。”

狮子兴冲冲地跑到湖边找大象，还没见到大象，就听到大象跺脚所发出的“砰砰”响声。

狮子加速地跑向大象，却看到大象正气呼呼地直跺脚。

狮子问大象：“你干吗发这么大的脾气？”大象拼命摇晃着大耳朵，吼着：“有只讨厌的小蚊子，总想钻进我的耳朵里，害我都快痒死了。”

狮子离开了大象，心里暗自想着：“原来体型这么巨大的大象，还会怕那么瘦小的蚊子，那我还有什么好抱怨呢？毕竟鸡鸣也不过一天一次，而蚊子却是每时每刻地骚扰着大象。这样想来，我可比它幸运多了。”

狮子一边走，一边回头看着仍在跺脚的大象，心想：“天神要我来看看大象的情况，应该就是想告诉我，谁都会遇上麻烦事，而它并无法帮助所有人。既然如此，那我只好靠自己了！反正以后只要鸡鸣时，把鸡叫当作是在提醒我该起床了，这样想来，鸡鸣声对我还算是有益处呢？”

在人生的路上，无论我们走得多么顺利，但只要稍微遇上一些不顺的事，就会习惯性地抱怨老天亏待我们，进而祈求老天赐给我们更多的力量，帮助我们渡过难关。但实际上，老天是最公平的，就像它对狮子和大象一样，从另外一种角度去看待它，也许它会给你带来收获。

19 世纪中叶，发现金矿的消息从美国加州传来。许多人认为这个发财机会千载难逢，于是纷纷奔赴加州。17 岁的犹太人亚默尔也成了这支庞大的淘金队伍中的一员，他同大家一样，历尽千辛万苦，赶到加州。

淘金梦的确很美，做这种梦的人也比比皆是，而且还有越来越多的人纷至沓来，一时间加州遍地都是淘金者，而金子自然不能尽如淘金者的意愿，变得越来越难淘。不但金子难淘，而且生活也越来越艰苦。当地气候干燥，水源奇缺，许多不幸的淘金者不但没有圆致富梦，反而丧身此处。小亚默尔经过一段时间的努力，和大多数人一样，不但没有发现黄金，反而被饥渴折磨得半死。

这天，望着水袋中一点点舍不得喝的水，听着周围人对缺水的抱怨，亚默尔忽发奇想：淘金的希望太渺茫了，还不如卖水呢。于是亚默尔毅然放弃对金矿的努力，将手中挖金矿的工具变成挖水渠的工具，从远方将河水引入水池，用细沙过滤，成为清凉可口的饮用水。然后将水装进桶里，挑到山谷一壶一壶地卖给找金矿的人。当时有人嘲笑亚默尔，说他胸无大志：“千辛万苦地到加州来，不挖金子发大财，却干起这种蝇头小利的小买卖。”

亚默尔毫不在意，不为所动，继续卖他的水。哪里有这样的好买卖？把几乎无成本的水卖出去。哪里有这样好的市场？结果，淘金者都空手而归，而亚默尔却在很短的时间靠卖水赚到几千美元，这在当时是一笔非常可观的财富了。

苦难，对于那些渴望成功的人来说是一种财富，在苦难中人才能挖掘自己的所有潜力，做到一些在顺境中不可能做到的事情，所以当苦难降临到自己的身上时，不要以为那是上天的不公平，相反，这可能是你真正改变自己人生的契机，勇敢一点，选择超越，向苦难挑战，它就能成为你一生的财富。

学会在艰难困苦中磨炼自我

读过《钢铁是怎样炼成的》的人或许都明白这样一个道理：苦难锻炼了人生。

无数成功者的例子都告诉我们这样一个道理：吃苦中苦，为人上人。成功哪有那么简单，不付出超出常人的努力，就收获不了超越常人的成功。

从小我们就听过悬梁刺股的典故，这个典故来源于两个历史人物。

东汉时候，有个人名叫孙敬，是东汉著名的政治家。据说他年轻时非常好学，经常关起门，独自一人不停地读书。每天从早到晚读书，常常是废寝忘食。读书时间长，劳累了，还不休息。时间久了，疲倦得直打瞌睡。当其他人都躺在床上舒服地休息时，他总是在伏案看书。后来他怕疲倦影响读书学习，就想出了一个特别的办法：用一根绳子，一头绑在房子的横梁上，一头拴住自己的头发。当读书疲劳打盹时，头一低，绳子就会牵住头发，这样会把头皮扯痛了，于是就清醒了可以继续学习。

战国时期有个名叫苏秦的政治家。他年轻的时候，由于学问不多，未曾受到重用，而且家人对他也很冷淡，这些深深地刺激了他。于是他下定决心，发奋读书。他常常读书到深夜，为了克服疲倦，他准备一把锥子，一打瞌睡，就用锥子往自己的大腿上刺一下。猛烈的疼痛会把他的疲倦赶走，再坚持读书。数年以后，他果然才识过人，成为别人敬仰的政治家。

当然，讲述这些名人故事并不是说你必须做到悬梁刺股才可以成功。我们不宜模仿那些有些极端的做法，然而，这些故事却形象地告诉了我们成功并非那么容易，成功者都是要忍受和经历过苦痛和磨难的。很多时候我们仅仅是看到了他们耀眼的光环，殊不知“没吃苦中苦，何成人上人”？他们在背后也曾付出千倍于我们的努力，才成为我们所敬仰的名人。

晋代的车胤从小好学不倦，但因家境贫困，父亲无法为他提供良好的学习环境。为了维持温饱，没有多余的钱买灯油供他晚上读书。夏天的一个晚上，他正在院子里背一篇文章，忽然看见许多萤火虫在低空中飞舞。一闪一闪的光点，在黑暗中显得有些耀眼。他想，如果把许多萤火虫集中在一起，不就成为一盏灯了吗？于是，他去找了一只白绢口袋，随即抓了几十只萤火虫放在里面，再扎住袋口，把它吊起来。虽然不怎么明亮，但可勉强用来看书了。

同朝代的孙康也是如此，由于没钱买灯油，晚上不能看书，只能早早睡觉。但是他觉得睡觉浪费了很多时间。一天半夜，他从睡梦中醒来，把头侧向窗户时，发现窗缝里透进一丝光亮。原来是大雪映出来的光，正好可以利用它来看书。于是他立即穿好衣服，取出书籍，来到屋外。天气很冷，孙康的脚和手都冻冰了，可是他依然坚持读书。这种吃苦的精神最终让他的学识突飞猛进，大大超越了那些家中有钱的富家子弟，成为饱学之士。

王羲之是东晋的一位大书法家，被人们誉为“书圣”。在浙江省绍兴市戒珠寺内有个墨池，传说就是当年王羲之洗笔的地方。王羲之 7 岁便开始练习书法，17 岁时他便阅读父亲秘藏的前代书法论著，看熟了就练着写，据说他每天坐在池子边练字，送走黄昏，迎来黎明，不知道写完了多少墨，不知道写坏了多少笔头。他每天练完字就在池水里洗笔，天长日久竟将一池水都洗成了墨色。

无论是悬梁刺股还是雪地取光，这些故事都成为激励我们后代人不怕吃苦的典例。要以吃苦为乐，苦是甜的前味，只有敢于吃尽天下苦，方能收获天下之甜。换一种角度来理解生命之苦，学会在艰难困苦中磨炼自我，或许你的人生便会豁然开朗。

只要坚持
梦想总是可以实现的

第六章

黑暗着开始，明亮着结束

就像夜晚总会存在一样，人的一生难免会遇到黑暗；就像黑暗之后定会迎来光明一样，把眼前的黑暗当作一个开始，奋力向前，定能迎来明亮的结束。

无论过去发生了哪些故事，都已经成为历史的前页。我们应该以一颗坦然的心去回忆那些辉煌或者挫败，把更多的心思和希望放在未来才是智者的选择。相信明天会更好，就不要计较过去的得失和痛苦，放下过去，才能轻松地走在通往明天的路上。

相信明天更美好是一种积极的人生态度，有梦想才会有奇迹。梦想是现实之舟，放弃了梦想，就是放弃憧憬美好的未来。坚持未来是美好的，才能更有力量、更有动力坚持走下去。

自信之灯照亮人生

从前有一个国王被仇敌追杀，不得已只好躲到一间破屋中避难，当时的他真可谓心神俱损万念俱灰。在他陷入绝境时，不经意间发现一只蚂蚁背着一颗比自己身体大数倍的麦粒，正奋力往上拖，却一而再再而三地摔下来。国王默默地记录它掉下来的次数，一次又一次地艰难攀登，蚂蚁仍不懈努力，终于在第七十次时，背着胜利品爬上了墙头。看到这番情形，国王逐渐振作起来，小小蚂蚁尚且有如此决心，何况堂堂一国之君！小蚂蚁的壮举，使国王点亮了心烛，最终走出失败的沼泽，恢复了昔日的辉煌。

国王点亮了他的心烛，创造出多么伟大的奇迹啊！那么，心烛到底是什么呢？就是成功的资源——自信。

俗话说：自信的人最美丽，这句话不无道理。自信是对自己的正面肯定，相信自己才能把自己展示得更好。由于自信，你可以保持乐观的状态，保持拼搏的斗志，正是这种劲头，才让你勇往直前。你或许没有漂亮的相貌，没有迷人的身段，但是拥有自信便可以让你成为一个闪耀之星。

成功的人都是对自己有信心的人。来自哈佛大学的一个研究发现，一个人的成功85%取决于有坚定的自信心，15%取决于智力等其他因素。拿破仑·希尔说："信心的力量是惊人的，相信自己，一切困难都将不会是困难。"自信犹如一盏起航灯，它会在茫茫无边的人生海洋中给你力量，也给你前行的动力。试问，一个连自己都不相信的人，如何博得他人的信任？

关于自信带来的成绩，美国著名的心理学家罗森塔尔教授设计了这样一个实验：他把一群小白鼠随机地分成两组：A组和B组，并且告诉A组的饲养员说，这一组的老鼠非常聪明，你必须把他们训练成为能够走出迷宫的老鼠；同时又告诉B组的饲养员说他这一组的老鼠智力一般，恐怕难以完成迷宫的任务，尽力而为吧。结果几个月后，发生了令人吃惊的结果：当他对这两组的老鼠进行穿越迷宫的测试时，发现A组的老鼠真的比B组的老鼠聪明，它们被训练得真的完成了迷宫任务。

后来罗森塔尔教授又来到了一所学校进行心理测试。他依然是随机地抽出了几个学生，并告诉校长说，这些学生智商很高，告诉他们，他们不是普通人，他们一定可以取得异于常人的成绩。

过了一年，罗森塔尔教授来到学校检查试验结果，果然如他所料。那些所谓的天才儿童确实取得了骄人的成绩。罗森塔尔教授这时才对校长说，事实上，自己对这些天才学生一点也不了解。校长很吃惊，问："那为什么他们会取得如此好的成绩呢？"罗森塔尔教授笑了："这就是自信带来的奇迹。"

不错，自信带来奇迹，同时也照亮了人生。人没有自信，做任何事情都不会成功。自信犹如助燃器，不断地给你的人生增添燃料，它才能不断地高飞。

在一次大赛中，后来成为世界著名的交响乐指挥家小泽征尔按照评委会给他的乐谱指挥演奏，但他敏锐地发现了不和谐的声音，他觉得是乐谱有问题。而在场的作曲家和评委坚持说乐谱没有问题。他却斩钉截铁地说："不，一定是乐谱错了！"话音刚落，评委们立即报以热烈的掌声，这掌声不仅仅是对他的音乐才能的肯定，更多的是对于他的自信的赞赏。原来，评委精心设计了一个错误，来检验指挥家在发现乐谱错误的情况下，能否坚持自信。小泽征尔的自信表现不但给他的演奏加分，更为他的人生添彩。

值得注意的是，自信和自负、自傲不是一个概念。自信的前提是了解自己，不能做不切实际的相信。如果一只鸡信誓旦旦地说，我相信自己肯定能和老鹰飞得一般高，这种言论大概只能遭到同类的笑话。自信是建立在实力基础上的，不切实际的吹捧反而使自己迷失了方向。

天生我材必有用。我们每一个人都有自己的优点，这一点是毋庸置疑的，每个人的身上都潜藏着一种巨大的能量，或许一般不易被人所察觉，但是你自己得了解自己的这种能量，在这种巨大的能量的发挥下，你可以克服掉你的自卑或者怯懦，从而完成你良材的角色。

无论你的过去经历过多大的失败，它们都不能把你的今天的信心抹杀。我们的人生就是一场不断和挫折做斗争的过程，自信是这场斗争中最明亮的灯。高举着自信之灯，胜利的人生才属于我们。

在黑暗中微笑

生活中不乏酸甜苦辣，尤其对于那些痛苦的记忆我们应该学会一笑置之，这种人生态度让我们能够放下过去的黑暗，走向明天的明亮。

学会一笑置之，就是养成一种宠辱不惊、笑看风云的生活态度。古人用一副绝世对联告诉我们：要视宠辱如花开花落般平常才能不惊；视名利如云卷云舒般坦然才能无意。我们的人生是短暂的，如果把功名利禄、荣耀光环看得如此重要，那么很容易迷失在那些肤浅的东西上，从而丢失了人生的真谛。

宠辱不惊，一笑置之是一种人生智慧。诗人徐志摩曾如此说道:“我将于茫茫人海中，寻访我唯一灵魂之伴侣，得之，我幸；不得，我命。”这句话是他的爱情宣言，我们可以从中深刻地感受到一位浪漫主义诗人的坦然胸怀。

同样宋朝诗人陆游也在其诗《书梦》写道：“一笑俱置之，浮生故多难。”这些伟大诗人的情怀，无一不表露出一种智慧的人生观。一笑置之，是一种看淡风云、大彻大悟的心境。有些人把身外之物看得过于重要，因此让自己的人生压抑不堪。

人生不过数载，大可不必把别人的一些言论，一些可轻可重的身外之物太当回事。如果因为他人的以讹传讹而暴躁不安，因为一场生意的失败而自暴自弃，因为旁观者的几句嘲笑而放弃自己的梦想，那么人生便不是你的人生，你不是为了自己而活，是为他人而生的。对过去的事情要拿得起，放得下；对那些无聊的言论要左耳进，右耳出；坦然面对尘世间的风风雨雨，才能活出真正的自我。

唐太宗期间，卢承庆因为处事公正而被唐太宗特任命为考功员外郎，管理官吏考绩。有一次，在卢承庆考评官员的过程中，有一位管漕运的官员，因粮船沉水而失责。卢承庆便给这位官员写下了“失所载，考中下”的评语。出乎他所料的事，那位官员听后，没有提出意见，也没有任何疑惧的表情，并且一点也不生气，很坦然地接受了。卢承庆继而一想，粮船翻沉，不是他个人的责任，也不是他个人能力可以挽救的，于是改为“中中”等级，只见那位官员依然没有发表意见，既不说一句虚伪的感激话，也没有什么激动的神色，只是一笑置之。看多了奉承嘴脸的卢承庆很赞赏他这种人生态度，脱口称道:“宠辱不惊，难得难得！”最后把评语改成:“宠辱不惊，当为中上。”

意大利诗人但丁曾有一句名言：走自己的路，让别人去说吧。字里行间也袒露出一种轻松的人生态度。面对风云，一笑置之，看似消极，实则是一种积极的人生智慧。人的一生总免不了跌宕起伏，有高峰也有低谷。智慧的人能明白这一点，当事情发生在自己身上时也能做到坦然。荣耀和屈辱都不过是过眼云烟，经不起时间的考验。

北宋时期，范仲淹主持的“庆历新政”失败，当他被贬谪居邓州时，如同从高处跌入了人生的谷底，可是他依然可以“心旷神怡，宠辱偕忘，把酒临风，其喜洋洋”。爱国宗教领袖赵朴初先生在遗文中写道：“生亦欣然，死亦无憾。花落还开，水流不断。我兮何有，谁欤安息。明月清风，不劳牵挂。”这份短短的遗文却尽显他淡然的人生观念，值得后人瞻仰。

19世纪中叶，美国实业家菲尔德，首次使用海底电缆把“欧美两个大陆联结起来”，因此被誉为“两个世界的统一者”，鲜花、称赞声络绎不绝。然后因为理论和实际情况不相吻合，在使用的过程中，由于技术问题，刚接通不久的电缆便中断了信号传播。一瞬间，那些俗人的嘴脸全部变了样，称赞全部变成了臭鸡蛋，纷纷砸来，指责菲尔德斯骗了他们，要求他赔偿各种损失。

面对这巨大的荣辱变化，菲尔德并没有接受不了，他对那些屈辱一笑置之，显现出成功人士卓越的风度，他继续潜心改进他的海底电缆事业，最终成功地架起了欧美大陆的信息大桥。

我们的生命中充满了无数的未知，无论是好的还是坏的，我们都应该做好充分的心理准备，以一种宽阔的胸怀去迎接它的到来，轻轻一笑，生命也会对你绽开笑容。

以希望之心抓住理想

对未来充满希望，人生才有前进的动力。所以说成功的人都怀有一颗希望之心，他们对未来充满希望，坚信明天可以比今天更加美好，所以他们才能有勇气，有动力不断前进。

理想是人生的奋斗目标，是人类对于未来有可能实现目标的想象。有了理想，人类才可以按照它的方向去努力；有了理想，人类才能在艰苦的探索环境下坚持下来。当然理想不是无根无据的幻想，它必须建立在真实的、客观的个人条件基础上，否则就是无道理的空想，是没有现实意义的。

有了希望的心，有了理想的路，前途才更加明确。不要在没有思考，没有分析前就消极地把事情打上不可能实现的标签。事实上你要鼓励自己“你能行”，有希望才能有动力，你才会在探索的过程中无所不利，勇往直前。

能够把绝望变成希望，不让身体的缺陷限制自己对理想的追求，汤姆·邓普就是这样一个不平凡的人。

汤姆·邓普天生残疾，父母就告诉他，不要对自己的人生绝望，不要因为自己的残疾而感到生命受限，别人可以做到的事情，你同样可以成功，甚至可以期望自己能够做得更好。小时候，汤姆·邓普和别的孩子一起参加童子军团，那些健全的孩子完成行军 10 里的时候，汤姆也一定要坚持走完了 10 里。

在后来的成长中，汤姆·邓普发现了自己可以把橄榄球踢得比其他在一起玩的人还要远。于是他让鞋匠专门设计了适合他的身体特点的鞋子，然后他积极地参加了橄榄球队的入队资格测试。出乎所有人意料的是，他通过了踢球测验，还得到了冲锋队的一份合约。然而当教练看到他的身体条件以后，遗憾地告诉他：他不具备成为职业橄榄球员的条件，应该去从事其他的事业。不过汤姆·邓普坚持让教练给他一个机会，教练虽然心存怀疑，但是看到这个男孩这么自信，不忍心打击他，终于答应给他一个机会。

在一周后的友谊赛中，汤姆·邓普踢出了 55 码远的成绩，让教练也不得不对他另眼相看、大加赞许。这次胜利使他获得了专为圣徒队踢球的工作，而且在那一季中为他的一队踢得了 99 分。然后到了最伟大的时刻，球场上坐满了球迷。球是在 28 码线上，比赛只剩下了几秒钟，球队把球推进到 45 码线上，但是根本就可以说没有时间了。教练喊道："汤姆·邓普进球！"当汤姆进场的时候，他的队距离得分线有 55 码远，球传接得很好，汤姆·邓普拼出全力踢在球上，全场的眼睛都盯在这个球上，同时为汤姆·邓普担心着。

最终的成绩让全场为之沸腾——球在球门之上几英寸的地方越过，裁判举起了双手，表示得了 3 分，汤姆所在队以 19 比 17 获胜。球迷狂呼乱叫为踢得最远的一球而兴奋，汤姆·邓普虽然身体残疾，却为整个球队的胜利赢得了最后一分，也为他的人生谱写了光辉的一页。

当记者问他是什么给了他如此巨大的力量时，他微笑着说："对生活的希望，对生命的热爱。虽然我的身体有些不利条件，可是我从来没有放弃过对人生的理想。我觉得每一个人都应该对生活充满希望，为着理想，不要轻言放弃。"

近几年来，由于抑郁症而放弃生命的案例已经屡见不鲜。很多高层知识分子甚至包括一些事业有成的人都选择轻生来结束自己珍贵的生命。有个博士在遗书中曾多次提到由于时常感到生命没有意义，丝毫寻找不到任何希望之光而选择离开。心理学家分析：抑郁症大多来自于对生命的失望，患者由于心中缺少对未来的希望而容易选择轻生，除了药物治疗外，最关键的是个人要主动地调节自己的心态，无论遇到什么挫折都要对自己的人生充满希望。

对于我们每一个人而言，希望之心都是不可少的。失败的人具有了希望之心，才可以百战不挠，越挫越勇；成功的人具有了希望之心，才可以不骄不躁，继续进步。

想赢就别怕输

人生就是一场征战，胜败乃兵家常事；拼搏就像一场比赛，想赢就别怕输。

在人生的征途上，从起点到终点，迎接我们的既有鲜花和阳光，也有荆棘和阴霾，如果我们因为害怕挫折、害怕失败而放弃尝试，那么永远也不可能成功。失败如同新鲜空气中夹杂的沙子，如果你因为害怕沙子而关掉窗户，那么你永远也得不到新鲜空气。想赢就不要怕输，输并不可耻，相反倘若能正确地看待失败，并从中总结出经验和教训，才能离成功更进一步。

亚伯拉罕·林肯是美国第 16 任总统，也是世界历史中最伟大的人物之一。他的一生是不平凡的一生，从他的人生经历中我们可以深刻地体会到他的人生格言：要想成功就不怕失败。

两百年前的一天，林肯出生在肯塔基州哈丁县一个清贫的农民家庭中，为了谋生，年轻的林肯走上了从商的道路，不料22岁那年，他生意失败，损失惨重。于是1982年，林肯应征入伍，退伍后，当地居民推选热心公务活动的林肯为州议员候选人，但是他的初次竞选没有成功。于是他再次走入商业，可惜的是由于投资失败，他的生意再次以失败告终。不过这些都没有让年轻的林肯心灰意冷，他利用闲暇时间大量阅读历史和文学书籍，希望通过自我提高而有机会能够再次竞选州议员，皇天不负有心人，由于他对公众事业的热心，以及他精彩的政治演说，他终于赢了一次——1834年林肯被选为州议员。

然而就在他的事业刚刚有所抬头的时候，不幸却接踵而来：他的情人去世，带给他巨大的伤痛。林肯在其27岁那年精神崩溃，不得不在家休养。29岁那年，林肯参加州议长竞选，由于准备不充分等原因，这次竞选失败。34岁那年，林肯参加国会议员的竞选，依然以失败告终。事隔三年，林肯再次参加国会议员竞选，三年前的失败给了他准备方向和竞选的经验，这一次他成功了。然而，在连任国会议员的大选中，林肯又惨遭失败。

后来，林肯参加了共和党的副总统候选人竞选，他坚持奴隶制应该废除，但必须通过和平的方式来废除。他的这次竞选虽然没有成功，但大大地扩大了政治影响，为他将来的政治旅途铺平了道路。经过数年的坎坷探索，1860 年，林肯成为共和党的总统候选人，同年 11 月，选举揭晓，林肯当选为美国第 16 任总统。遥想他之前的政治生涯，历经多少次失败，才有了今天的成功。可以这么说，是一种神秘的力量将林肯从小木屋推向了白宫，而这股神秘的力量就是想赢不怕输的精神。

革命家马克思曾高度地评价过林肯：林肯是一个“不会被困难所吓倒，不会被失败所挫败，不会被成功所迷惑的人。他不屈不挠地迈向自己的伟大目标，而从不轻举妄动，他稳步向前，而从不倒退”。

对于我们普通人也是如此，我们不应该害怕失败，失败并不是说明你不行，而是在你成功的道路上对你的锻造。哪一块金子不是通过千锤百炼才出炉的呢？人的一生，不是随随便便就能成功，往往需经历了风雨才能见到彩虹。事业的失败，婚姻的失败，学业的失败都算不了什么，这些或许都是为了你人生的成功而不得不经历的锻造。记住：无论在哪输了，就要在哪爬起来，继续前进。如果害怕失败而驻足，那么永远也看不到美好的终点。

失败并不可怕，可怕的是失败之后的一蹶不振。谁也不会盼望失败，毕竟是一件痛苦沮丧的事情，但是因为我们无法避免，所以我们只能勇敢接受。沉湎于过去的失败根本解决不了任何问题。如果林肯因为以前竞选失败从此不在涉足政坛，恐怕美国历史上就缺少了一个如此优秀的总统，甚至连美国的历史也将重新改写。所以失败并不是没有一点好处的，起码从失败中我们可以吸取经验，从失败中我们可以改正缺点。失败是通往成功的天梯，虽然这些天梯难走又总是使我们受伤，可是我们别无选择。

想赢就别怕输，失败是成功的前言，你需要有勇气把它读完，相信美丽的内容很快就进入你的眼中。

转折时，坚决相信自己

人生的道路并不只有一条，我们在生活中经常会遇到岔路的情况，面对岔路，自己往往不知道该往哪个方向行驶才能最快到达自己的目的地，这个时候，我们最需要的就是要相信自己的判断，果断地迈出自己的第一步，不要犹豫不决，否则会浪费更多的时间，让自己陷入困境。

人生有很多转折的路口，在这个路口总是需要我们做出选择的，这个时候最需要的就是要坚决相信自己。

蜚声世界影坛的意大利著名电影明星索菲亚·罗兰能够成为令世人瞩目的超级影星，是和她的自信心分不开的。

在《卡桑德拉大桥》《昨天、今天和明天》等影片中，索菲亚·罗兰以其独特的魅力给观众留下深刻鲜明的印象。她的长鼻子、大眼睛、大嘴、丰满的胸部和臀部都使她多了一份不可抗拒的美。

可是，你知道吗？在索菲亚·罗兰初试镜头的时候，差点儿因为她的长鼻子和丰腴的臀部而没能走上影坛。摄影师们都嫌她的鼻子太长、臀部太发达，建议她动手术缩短鼻子、削减臀部，可是索菲亚·罗兰坚决不同意。

索菲亚·罗兰在她的自述中详细地记叙了当时的情景：

有一天，他（卡洛，导演）叫我上他的办公室去。我们刚刚进行了第三次或第四次试镜头，我记不清了。他以试探性的口吻对我说："我刚才同摄影师开了个会，他们说的结果全一样，噢，那是关于你的鼻子的。"

"我的鼻子怎么啦？"尽管我知道将发生什么事，但我还是问道。

"嗯，咳，如果你要在电影界做一番事业，你也许该考虑做一些变动。"

"你的意思是要动动我的鼻子？"

"对。还有，也许你得把臀部削减一点。你看，我只是提出所有摄影师们的意见。这鼻子不会有多大问题，只要缩短一点，摄影师就能够拍它了，你明白吗？"

我当然懂得因为我的外形跟已经成名的那些女演员颇有不同，她们都相貌出众，五官端正，而我却不是这样。我的脸毛病太多，但这些毛病加在一起反而会更有魅力呢。如果我的鼻子上有一个肿块，我会毫不犹豫地把它除掉。但是，说我的鼻子太长，不，那是毫无道理的，因为我知道，鼻子是脸的主要部分，它使脸具有特点。我喜欢我的鼻子和脸的本来的样子。“说实在的，”我对卡洛说：“我的脸确实与众不同，但是我为什么要长得跟别人一样呢？”

“我懂，”卡洛说。“我也希望保持你的本来面目，但是那些摄影师……”

“我要保持我的本色，我什么也不愿改变。”

“好吧，我们再看看。”卡洛说，他表示抱歉，不该提出这个问题。

“至于我的臀部。”我说。“无可否认，我的臀部确实有点过于发达，但那是我的一部分，是我所以成为我的一部分，那是我的特色。我愿意保持我的本来面目。”

正是这次谈话，使导演卡洛·庞蒂真正地认识了索菲亚·罗兰，了解了她并且欣赏她。后来，卡洛·庞蒂成了罗兰的丈夫。由于罗兰没有对摄影师们的话言听计从，没有对自己失去信心，所以她才得以在电影中充分展示她的与众不同的美。而且，她的独特外貌和热情、开朗、奔放的气质开始得到人们的承认。自1950年至1979年，她先后在75部影片中扮演角色，被人们称为“从贫民窟飞出来的天鹅”。1961年，她主演的《两妇人》获得巨大成功，她因此而荣获奥斯卡最佳女演员金像奖。

索菲亚·罗兰在面对自己热爱的电影事业时，并没有盲目地听从导演的意见，她坚持自己的特点，不愿在自己的外貌上做出任何改变，即使冒着被导演辞掉的危险，她依然相信自己，没有做出让步，最终她得到了导演的认可，也得到了观众的认可，她在电影方面的成就证明了她的坚持和自信是正确的。

人生总会遇到一个一个地路口，很多时候没有路标，我们要听从的是自己心中的那个信念，那个目标。在面对人生的转折时，如果认为自己选择是正确的，就要坚定地相信自己，不要盲目地去听从别人的意见，这样才会让自己有更大的机会获得成功。

只要坚持
梦想总是可以实现的

第七章

人生不可虚度

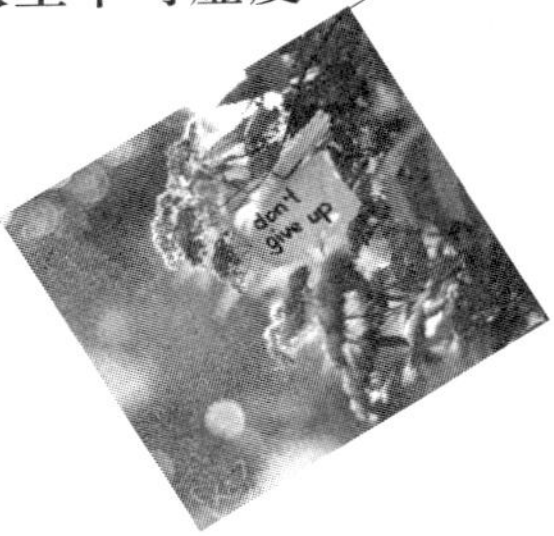

“人最宝贵的是生命。生命对于每个人只有一次。人的一生应当这样度过：回首往事，他不会因为虚度年华而悔恨，也不会因为碌碌无为而羞愧；临终之际，他能够说：‘我的整个生命和全部精力，都献给了世界上最壮丽的事业——为解放全人类而斗争。’”这是在《钢铁是怎样炼成的》这本书里最广为人知的一句话，在战乱和斗争的年代，它一度成为无数年轻人的座右铭。

它告诉我们的只是一个道理：为自己的理想而奋斗，不要虚度了生命。

简简单单“人生”两个字，给人们留下太多思考，什么才是真正的人生？不同的人或许用自己的成功对此进行着不同的诠释，可是有一点却是肯定的：人生不可虚度。

时光匆匆不回头

两千多年前，一位哲人立于河边，面对奔流不息的河水，想起逝去的时间与事物，发出了一句千古流传的感叹：逝者如斯夫；两千多年后，时光依然以它亘古不变的节奏，匆匆向前，不回头……

时间是最平凡的，也是最珍贵的。金钱买不到它，地位留不住它。“时间是构成一个人生命的材料。”每个人的生命是有限的，同样，属于一个热闹的时间也是有限的，它一分一秒，稍纵即逝。

然而，时间是宝贵的。虽然它限制了人们的生命，但人们在有限的生命里可充分地利用它。鲁迅先生说过，时间，每天得到的都是二十四小时，可是一天的时间给勤劳的人带来智慧与力量，给懒散的人只能留下悔恨。这句话形象地写出了成功的人珍惜每分每秒，成就辉煌；而失败的人抱着“做一天和尚敲一天钟”的思想得过且过，消磨时间，在他们眼里时间是漫长和无谓的，而当他们回过头之后，才发现时间如流水，一去不复返，才发现时间的可贵，可谓“少壮不努力，老大徒伤悲”啊！

古往今来，有不少人惋惜：时间易逝，于是长叹曰“光阴似箭催人老，日月如梭趱少年”。的确，时间的流速真令人难以形容。树枯了，有再青的机会；花谢了，有再开的时候；燕子去了，有再回来的时刻；然而，人的生命要是结束了，用完了自己有限的时间，就再也没有复活、挽救的机会了。

正如“花有重开日，人无再少年”。时间就这样一步一步，永不回头。而这又正告诫我们莫把宝贵的光阴虚掷，要珍惜时间，爱护生命，利用每分每秒，不要虚耗它。犹如朱自清所说的：“洗手的时候，日子从水盆里过去；吃饭的时候，日子从饭碗里过去；默默时，便从凝然的双眼里过去。我觉得时间去的匆匆了，伸出手遮挽时，它又从遮挽的手边过去；天黑时，我躺在床上，它伶伶俐俐的从我身上跨过，从我的脚边飞去了。当我睁开眼和太阳再见，这算又溜走了一日。我掩面叹息，但新来日子的影子又开始在叹息里闪过。”

这句话写出了时间无时无刻不在流逝，我们应该好好把握逝去的瞬间。“未来”“现在”“过去”是时间的步伐:“未来”,忧郁地接近;“现在”,快如飞箭地消失;“过去”,永远地停止。在伟大的宇宙空间,人生仅是流星般的闪光;在无限的长河里,人生仅仅是微小的波浪。

时间到底是个什么样的东西呢?噢,它是用时、分、秒来主宰的吗?是的。有种回音在心里自然地响起。

世间万物随着时间改变而改变,它是不能倒流的。成功之道中,一旦错过了一分钟甚至一秒钟都无法挽回了。所以,要想把握好成功的机会就必须掌握你的每一分钟。我们花多少钱也买不到你的每一分钟,我们花多少精力也买不到一瞬间,这世界上没有比时间更宝贵了,我们虽然无法挽留时间,但我们可以珍惜时间。要珍惜时间,最重要的是合理有效地运用时间。

在现实生活里,每个人都为自己的目标去努力去奋斗。因为时间可以给人带来生命的珍贵、生命的意义。所以,人活在世上就不能虚度光阴。

当然,成功与失败是用时间来见证的。从世界上的伟人可以得出结论。他们是不会让身边的每一分钟无声无息溜走的,争取时间努力地去进取去拼搏。坚定的毅力是他们成功之本。

就拿世界首富微软创始人比尔·盖茨来说吧！然而他选择了自己喜欢并擅长做的事。在自己的人生岔路上，找到了自己的人生坐标，充分发挥了自己的聪明和才智，从而到达成功的彼岸。

不浪费每一分钟的比尔·盖茨，从小时候就有着十分独立的性格，他喜欢计算机，在他儿时，就被电脑深深地吸引。14 岁时，盖茨就已经成为一个从事电脑软件事业的佼佼者，因此在哈佛待了一年后，19 岁比尔·盖茨就退学了。在那年办起自己的微软公司，31 岁时成了亿万富翁，39 岁的他成为世界首富。在这短暂的几年里，竟做出了令世人惊讶的成就。当他被人们认可的时候，比尔·盖茨一路辛勤耕耘的旱地也得到了滋润。

时光是如此的匆匆易逝，用你的智慧、你勤奋的双手去创造奇迹吧！

把握今天

“抛弃时间的人，时间也会抛弃他。”莎士比亚如是说。

清洁工人不在今天及时清扫垃圾，哪有日复一日街道马路的洁净？农民种田，不在今天及时割草、施肥、灭虫，哪有金秋时节的丰收？医生不在今天及时抢救，医治病人，哪有人们日后的健康体魄？体育健儿不在今天挥汗苦练哪有奥运会上那一块块闪亮的奖牌？我们不在今天刻苦学习，哪有日后祖国的栋梁之材？这样的例子数不胜数。

革命先烈李大钊说：“我以为世间最可贵的是‘今’，最易丧失的也是‘今’。因为它最容易丧失，所以更觉得它宝贵。”也许有人会说：“今天怎么能称得上最宝贵？耽误一天还不是一样？”那么这就大错特错了，历史上因为等一天而耽误事情，甚至酿成大祸的事例还少吗？1814年6月17日，拿破仑在击败普鲁士军队以后，错误地让军队休息一天，6月

18日才开始进攻固守在滑铁卢的英军，结果给了英军构筑工事的时间，从而导致18日滑铁卢一战的惨败。试想，如果拿破仑抓住战机，马不停蹄地进攻英军，那么欧洲的历史将会重写。

“明日复明日，明日何其多；我生待明日，万事成蹉跎。”短短的几句话，是先辈生活体验的结晶啊！古人有感于此，于是才有了“头悬梁，锥刺股”的勤学佳话。现在我们条件优越，不是更应抓紧今天的分分秒秒吗？

真正的有志者也往往把美好的希望放在明天，明天的日程表总是排得满满的。但他们更珍惜今天的大好光阴，更善于从今天抓起。因为稍一懈怠，今天就会变成明天，明天就会变成后天，排挤了明天要做更多的事情。鲁迅先生曾深感“今天”的重要，谆谆告诫青年人办一切事情都要“赶紧做”，否则就要功亏一篑，甚至一事无成。有位科学家曾认识到“明日复明日”的弊害，从而为自己立下了“今日事今日毕”的座右铭。事实证明，一切在事业上有成就的人，都是善于从“今天”抓起的人，那些把今天的事推给明天的懒人总要落得个“老大徒伤悲”的可气又可怜的下场。抓住了今天，就是抓住了掌握获取知识的机会。有志的人深深懂得时间就是生命的道理，他们绝不把今天的宝贵时间掷给明天。誉满全球的我国国画家齐白石，坚持每日作画，除身体不适合心情不好外，无一日不动笔。京剧花脸前辈郝寿臣也是一位善于抓“今”的人，他床头贴着“睁眼就起”，吃早点的地方贴着“赶快吊嗓子”，他就是这样对待今天的。伟大的发明家爱迪生从来就珍惜时间，他利用车上卖报的闲暇搞实验，饿了就啃块面包，困了便趴在桌子上打盹。总之，珍惜今日的成功者不胜枚举。

有些人总把时间当作日历来看，撕了这一张，还有下一张，撕完了这一本，还有下一本，却不知道在洁白如雪的日历上留下自己辛勤奋斗的汗水和学习工作的收获。那样，他们从呱呱落地到长眠地下，都是在闲散和等待中度过的。

《钢铁是怎样炼成的》主人公保尔·柯察金曾说过这样一段话：“人最宝贵的是生命。生命属于人只有一次。人的一生应当这样度过：当回忆往事的时候，他不会因为虚度年华而悔恨，也不会因为碌碌无为而羞愧；在临死时候，他能够说：‘我的整个生命和全部精力，都已经献给了世界最壮丽的事业——为人类的解放而斗争。’”

保尔的一生是充实的，是有意义的。相反的，那些不珍视时间的人，他们的生活又是多么的空虚。如果人的一生如此度过，那么消逝的岁月将如一场凄凉的悲剧，留在个人生命上的回忆，也将拌和着悔恨的泪水……

今日复今日，今日何其少。今日易失，更觉今日宝贵；时间易逝，更觉时间难返。

虚掷光阴，是折损着生命的光；及时努力，是开辟理想的路。不要留恋昨天，它是好是坏都像流水一样一去不复返。如果你不能抬头向前，那你将永远停留在历史的昨天。不要总是空想着明天，不去播种和浇灌，哪里会有花开满园，累累秋实？面对现实，假如你不去努力，那么，你的理想将永远不会实现。

宝贵的时间在于今天，想要成绩就要紧紧抓住今天。只要你一步步坚强地走下去，那么迎接你的将是美好的明天。

今天是一颗流星，它稍纵即逝，为了人生不虚度，为了避免今后的那一句“我好后悔呀”，请把握今天。

人生每天都是奋斗

人生旅程不是铺满玫瑰花的坦途，而是每天都需要奋斗。在我们最悲伤的时刻，不能忘记这一信念。在我们最幸福的时刻，同样不能忘记人生的坎坷，要时刻告诉我们奋斗的每一天才精彩。

每个人的人生过程，是继续不断在奋斗的，人生的目的是争取胜利与光荣。人自呱呱坠地以至衰老，无时无刻不是在奋斗状态中。我们看哪一部名人传记，他们事业的成功，没有不是经过奋斗而来。就是一般平庸的生活，也无不是从奋斗中得来。人生在少年时期，除了受父母的保护，师友的指导外，就得与寒暑奋斗，与疾病奋斗，若家境贫寒，还得与生活奋斗。

到了青年时期，更要奋斗，这是人生大奋斗的预备时期。壮年立业的力量，基本在这个时期储备起来，是人生一大关键。要把身体锻炼好，品性修养好，学术研究好，同时为了争取美满的姻缘，也需要在情场上大大的奋斗一场。

壮年时期，是人生奋斗最激烈、最精彩的时期，能否表现得出色，全看你的如何努力而定。当你跨入社会之初，你看见的外表是壮丽的，是灿烂的，你将感到充满诱惑，实际到处布置着陷阱，步步荆棘，处处障碍。

对于那些有理想有抱负的人，即使当人生步入晚年，奋斗的号角也依然嘹亮。

当今，有一位叫摩西的外国老奶奶被越来越多的世人所注目，说来有趣，摩西奶奶可谓大器晚成，干了一辈子庄稼活，她在 73 岁时扭伤了脚，不能再下地干活，她 75 岁开始学绘画，80 岁举办了个人的首次画展……于是，人们在赞叹摩西奶奶和她晚年取得的惊人艺术成就的同时，称这种现象为“摩西奶奶效应”。

无独有偶，墨西哥的老翁蒙图伊在 86 岁时获得了政治学学士学位，此前，他已拥有工程学和经济学两个学士学位。老人废寝忘食地读书，希望能给后辈做出榜样。蒙图伊出身贫寒，现有 10 个子女，他计划继续自己的学业，取得政治学学士学位后，他这样告诉众人：“我一切向前看。”

摩西奶奶也好，老翁蒙图伊也罢，无不给人这样的启示：人的潜在能力是大的，需要自己努力去发掘。

一个人的成才与事业成功并不完全取决于文凭与学历，关键在于持续不断地学习与锲而不舍的奋斗。一位香港著名实业家原本只有小学文化水平，历经坎坷与磨难，通过持续不断地学习和向上向善，终成为亚洲首富，名列美国《财富》排行榜；齐白石没机会上学，从牧牛砍柴到学做木匠，再到痴迷艺术，凭着对艺术的不懈追求和不断学习，从不让一日闲过，终成为一代绘画大师，名扬海内外。著名数学家华罗庚有句名言："聪明在于学习，天才在于积累。"

人的一生充满机遇和变化，不可能几十年如一日的恒定不变。在科技发展日新月异、知识"折旧"不断加快和国内外综合力量竞争日趋激烈的今天，只有不断学习，成就学习化人生，才不会落伍，才不会被时代淘汰。唯有学习、学习、再学习，与时俱进，才能永远立于不败之地，才能驾驭自己的人生，在真正意义上实现人生价值。

知识就是财富，知识就是力量。学习不仅是人类进步的阶梯，而且也是社会发展的动力。当今，全世界正在发生着一场新的革命：全球化、信息化、知识化、学习化。学习化社会的特点是：全员学习、共同学习、终身学习、学会学习；人人学习认知、学习做事、学习共处、学习生存和发展，社会也正朝着充分满足和实现每个学习者的愿望的方向努力。

如果你想做一个正人或名人、伟人，必须拿出你全副的精神，与社会奋斗，为事业奋斗打出一条血路来。等到夺取据点，脚跟站稳，然后运用你的地位、权力、经济、手腕各种力量，发展你的抱负，发挥你的才能，日积月累，由小而大。那么人生奋斗有结束的日期吗？没有。

我们生活一天，就得奋斗一天。生活一分钟、一秒钟，就得要奋斗一分钟一秒钟。只有抱有如此的信念，虚度二字才永远无法近身。

树立理想，超越自我

不虚度的人生，是有理想的人生。

十七世纪，在意大利一座城堡的阴暗牢房里，一个蓬头垢面的人坐在墙根不停地思索着，书写着，他就是历史上最早的空想社会主义者之一——《太阳城》的作者康帕内拉。监狱的酷刑，使他常常昏死过去，但他每次醒来的第一个信念总是："我能思想，我还活着。"是什么让他不向严酷的境遇屈服？是理想。理想像一盏明灯，指引他越过黑暗的深渊，看到未来光明的火星，并使他终于在火刑场的烈焰吞没自己之前，用心血筑起了人类思想史上巍峨的"太阳城"。

理想的力量是如此巨大，所以人们赞美它是人类心灵的火炬，人生的发动机。古往今来，热爱人生的青年，总是在崇高理想的指引下，在顽强的奋斗中开拓自己的人生之路，把生活看作是在狂涛怒吼的大海上浪遏飞舟，寻找人生的辉煌。

理想包括社会理想、道德理想、生活理想和职业理想。理想，是夜航中的灯塔、旅行中的路标，指引着人们前进的方向；理想，是嘹亮的号角、擂响的战鼓，鼓励着人们积极向上；理想，是追逐过程中的汗水，是失望后的不屈，更是风吹雨打后坚定不移的向往！崇高、远大的理想，可以点燃人们的生命之光，激发人们的聪明才智，唤起人们奋发向上的精神。一个人如果没有理想，青春将枯萎、衰败，生命就会暗淡无光。

人们常常把人生的道路比喻为在激流中前进的航船，而理想恰如指引航向的航标。正确的航向能引导人生的航船，乘风破浪，激流勇进，即使遇到险滩暗礁，也能经受考验，始终认准目标，驶向彼岸。如果没有航标的指引，则难免随波逐流，甚至远离航道，沉没于大海之中。现实生活中，这样的事例不少，本来有些人条件大致相当，而有的人能在逆境中成才，使生命放出异彩；有的人却在坦途中蹉跎岁月，嗟叹命运；有的人不断攀登，硕果累累；有的人却浅尝辄止，远离成功。为什么？这就与是否拥有坚定的理想以及是否具有实现理想的决心和毅力密切相关。

理想不是凭空产生的，是时代的产物。每一个时代都将特定的历史任务摆在人们特别是青年的面前，让人们思考，催有志青年奋发，可以说，时代呼唤理想，时代也造就了具有远大理想并矢志不渝为之奋斗的青年。

我国古代是很重视理想的，古人把理想称为“志”。即使贫困潦倒,也要恪守“人穷志不短”的信念。翻开《论语》，孔夫子说：“三军可夺帅也，匹夫不可以夺志也。”我们看到，这朴素的字语之中闪耀着一种理想之光。其意思是说，一个人的志向至关重要，往往决定着他一生的发展和方向。

理想对每一个人都很重要，它关系到每个人的命运和前途。我们常说理想是人生的精神支柱，理想是人生的指南，理想是人生的动力。

《钢铁是怎样炼成的》作者奥斯特洛夫斯基曾经形象地把理想比作一个人心上的“发动机”，有了这个“发动机”，人们才有了奋发进取的巨大动力，才有了战胜各种艰难险阻的信心和力量。如果没有理想,李时珍不会亲尝百草,著成《本草纲目》；如果没有理想，司马迁不会在身受宫刑之后，完成被誉为史家之绝唱的《史记》；如果没有理想，贝多芬就不会在双目失明的情况下，完成伟大的乐章《命运交响曲》；

如果没有理想，居里夫人就不会把毕生的精力献给科学，成为科学巨人。一个有着崇高理想的人，会以“天下兴亡”为己任，确立人生大目标，会自觉摒弃那种斤斤计较、患得患失的小人心态，他会有自己的人生大境界，也必将因此成就人生的大作为。

在心理学中，有一个著名的摘苹果理论，意思是说，一个渴望成功的人，应该努力去采摘那些需要跳起来才能够得着的苹果，那就是目标。这是一个多么形象的比喻，多么深刻的人生哲理。它启示我们，在人生的道路上，要不断地挑战自我、激励自我、超越自我，执着地向着更高的目标迈进。

是的，有理想的人生是充满了“苹果诱惑”的人生，理想是一种动力，驱使我们不断奋进；实现的理想是一种奖励，只授予那些不虚度人生的人。

好学之心，每天进步

朱熹的《近思录》有这样一句话：“以其好学之心，假之以年，则不日而化矣。”意思就是说，倘若人能够有一颗好学的心，那么几年以后，这个人不可同日而语，必将取得大的成就。

“性相近，习相远。”每一个人生下来是没有什么区别的，而恰恰是后天的学习让他们各有所长，从而走上了不同的岗位，走上了不同的领域。学习之重要，是孔圣人一直所强调的。学习是一个人由无知走上智慧的唯一之路，要想成大事业，必须具备相关的知识，否则就是白日做梦。那么知识何来呢，孔子说“学而时习之，不亦乐乎？”“十室之邑，必有忠信如丘者焉，不如丘之好学也”。可见，学习的重要性远远大于天资等先天条件，勤能补拙，倘若能够早点认识到学习的重要性，那么你就比别人早到终点一步。

好学首先表现为勤奋，懒惰的人天天口头上吵着要学习，但是却懒于付出行动，丝毫收获不到成果。勤奋的学习理念，端正的学习态度是好学之心不可缺少的两大元素。

勤奋的人才有可能成功。当有人问鲁迅先生为什么能在文学上取得如此大的成就时，鲁迅先生说："我没有什么天分，我不过是把别人喝咖啡的时间用来读书、写书罢了。"这就是成功的秘籍。勤奋是大多数平庸的人缺乏的，他们可以找到各种理由来安慰自己，把自己的好学之心扼杀在摇篮中：今天周末，怎么能学习呢，这么好的天气应该去公园中打牌；算了，今天太累了，看书的计划取消吧，改日再看；这书有什么好看的，看了以后也会忘，不如不看，出去玩会……长此以往，你便失去了学习的习惯，好学对于你而言就成了神话。

无论对于个人和集体，学习都是不可少的一个环节。没有好学之心，个人不能进步；没有好学的氛围，集体的发展也停滞不前。建立学习型企业，培养学习型人才已经是当代社会的要求。20 世纪 70 年代名列《财富》杂志世界 500 强排行榜的大企业，有三分之一已经销声匿迹了，这些被淘汰的企业和企业领导者面临的困境或许大不相同，然后他们大都有一项失误，那就是忽略了学习的重要性。

重庆力帆集团董事长尹明善曾表明，学习是个人不可缺少的素质和心态，不想学习的人无法存在于我们企业，同样无法生存在我们这个社会中。为了营造出良好的学习氛围，使得企业成员都怀有一颗好学的心，他进行一番改革，设立惩罚机制，督促学习。比如集团在优秀员工中选出800人参加考试，这800名优秀员工同时开考，由总公司命题、请内部专家评卷，前20名由总裁面试后，录取8名。第一名每月工资涨5000元，第二名涨3000元，第三名涨2000元。其余5人，每人每月涨1000元。他认为，学习的过程是重要的，每天能够学一点东西，前进一段距离，那未来的收获是可观的。

一分耕耘，一分收获。好学的心能够让我们每天收获一点点，如果天天进步，我们数日以后或许就能达到“不可同日而语”的境界。我们或许不是天才，或许没有天赋，可是勤奋好学同样可以助我们登上成功的高峰。即使是一个天才，倘若不学无术，不求进取，恐怕也难成正果。天才都是从勤奋走来的，好学的心不过是把他天才的一面展示出来。所以说，不管你本质如何，天资聪明或者笨拙，你都需要有好学的心态。

好学的心能把矿石锻造成金子，能把任何一个人都培养成一个天才。好学之心能使人生不再虚度，能把任何一种可能都变为一种现实。

只要坚持
梦想总是可以实现的

第八章

成就与智慧总是在一起的

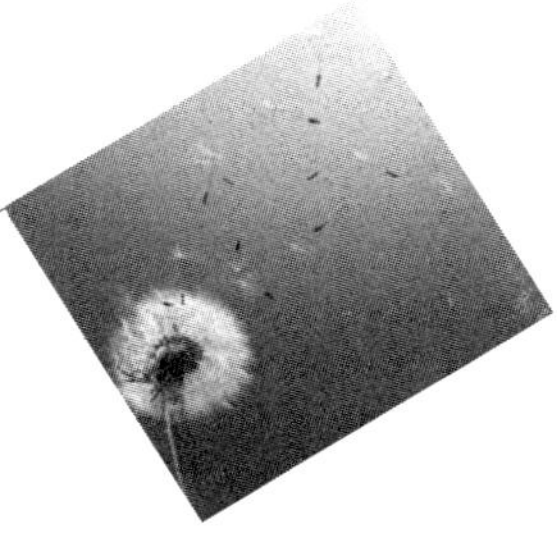

地狱里，大家围着桌子，每个人拿个长勺围着一桶汤，却因为勺太长而够不到自己的嘴，就这样人人只能望汤兴叹，愁眉苦脸；天堂里，也是大家围着桌子，每个人拿个长勺围着一桶汤，虽然勺柄也长，但大家都选择舀起汤来喂对方，这样就都高高兴兴地喝到了汤。

什么是成就？仁者见仁，智者见智，千百年来，古今中外，许多哲人给予了许多答案。然而有一点是确定的，那就是成就总是与智慧联系在一起的。

智慧就是对万事万物的豁达和穿透一切的力量。智慧并非空穴来风，智慧常常是由心出发，只有学会看山水，观人事，展书卷，勤修行，才能像唐僧西行那样取到智慧的真经。有智慧的人，对于任何事物都会有正确的认识与了解，别人看到外，你看到内；别人看到相，你看到理；别人看到点，你看到面。用智慧解决问题，可以做到四两拨千斤。

智慧从认识自己开始

知人者智，自知者明。知人是一门大学问，而认识自己是一门大智慧。

所谓自知之明，也就是对自我的认识。自我把握的前提就是对自我的认识，人生成功的前提是自我的把握，因而自我把握在人生中的重要性不言而喻。一个人活在世上，无论想要自己的人生达到什么样的程度，首先就必须有自知之明。

生命的存在基本上是一种偶然，我们任何一个人都无法决定自己出生的时间、地点、家庭环境、自身的性别与外貌等等，也不可能长生不老。生命的开始与结束掌握在自然的手中，个人几乎无能为力。但是，在自然的生与死之间，有一段人生的旅程，它是我们每个人必须自己去走的，而旅行能到达什么样的地方，全凭个人如何去安排了。

所有的一切，都从认识自己开始。你是否认识你自己，这是你人生的关键。首先，你不要错误地认为自己作为一个有价值的人与你的聪明才智、你的博学多能或者你的财富、你的力量有关。事实上，无论你有多聪明，也无论你多能耐，如果你没有自知之明，那么你的最终结果只有一个，那就是失败！

其次，你不要错误地认为自己存在于这个世界上是一种恩惠，没有人对你施恩，你也不会对任何人施恩，一切都是自然存在的。事实上，无论你对别人有多大的帮助，也无论别人给予你多大的帮助，如果你不正视自己，那么这个“帮助”的最终结果只能是“竹篮打水一场空”。

认识你自己，不必为实现你所想象的但是却不切实际的所谓自身价值，而去做任何多余的努力，你要明白，当你降生到这个世界的时候，你就已经拥有了自己的价值，你接下来所要做的事，就是如何将你自身的价值发扬光大，因而你必须了解、认识到自己的价值。

你不妨经常问一问自己：我是谁？当你能够给出一个满意的答案的时候，你的人生也就真正地开始了。

一个人如果不能认识自己，看不到自己的优缺点，不了解自己的真正需要，他就会缺乏生命的目标，找不准人生方向，也不知道如何在生活中体现自己的价值，得到真正的快乐；他就会丧失对自己的爱，对生命的爱，最终必然导致对人生的茫然、空虚、厌烦和无所适从。

纵观那些很成功的伟人，他们最大的与众不同不是能力上的，也不是知识上的，而是他们从小就有一颗不甘平庸的心。他们并不在外表上表现得狂傲，但在内心深处却都认为自己是杰出的，是必将有一番作为的。即使他们开始的起点并不高，所处的环境很恶劣，身份很低微，但他们的雄心却从来没有湮灭，从来没有丧失奋斗的意志。有道是：人的出身不能选择，但道路可以选择。我们可以通过自身的努力选择生活道路、生活方式，起码可以通过我们的努力加以改善。

任何一个人想改变自己，首先要从改变自己的心灵和思想开始。是什么形成我们的思想和人生态度呢？就像你吸收的营养决定了你的身体，正是我们所接受的信息和知识形成了我们的思想。知识的选择很重要，如果一个人接受了不好的知识，就会伤害你的心灵，很多人心态不好，或者做人不成功、不快乐，主要是因为他接受的信息和知识不好。柏拉图说：如果一个人没有真正理解真善美是什么就去学习，那是一种非常冒险的行为，因为他很可能学到一些坏的东西，形成一种不健康的思想。

因此，我们必须守好自己的心灵大门，凡是能让我们积极向上、使人生丰富的知识才可以进入心灵，凡是让我们消极悲观、人生不快乐的知识，就不允许进来。接受什么样的信息由我们自己选择，就连老师传授的知识也必须经过我们的大脑加工、过滤，但这种选择往往决定了我们的人生。

只有当一个人真正地认识了自己，才能不断进步而臻于完善；否则即使老天曾经眷顾，仅凭自己的一点天分或一技之长就妄自尊大，不再精进，只一味地消耗，而没有补充，只能使自己越来越堕落，那么各方面必难以提升，最终走向平庸的人生。

天才，首先是注意力

法国生物学家乔治·居维叶说："天才，首先是注意力。"保持良好的注意力，是大脑进行感知、记忆、思维等认识活动的基本条件。

在我们的学习过程中，注意力是打开我们心灵的门户，而且是唯一的门户。门开得越大，我们学到的东西就越多。而一旦注意力涣散了或无法集中，心灵的门户就关闭了，一切有用的知识信息都无法进入。

正因为如此，在正常情况下，注意力使我们的心理活动朝向某一事物，有选择地接受某些信息，而抑制其他活动和其他信息，并集中全部的心理能量用于所指向的事物。因而，良好的注意力会提高我们工作与学习的效率。

注意力障碍，主要表现为无法将心理活动指向某一具体事物，或无法将全部精力集中到这一事物上来，同时无法抑制对无关事物的注意。造成这种情况的原因比较复杂，许多较严重的心理障碍都可以引起注意力障碍。而对于年轻人来说，主要是由于学习、工作负担重，心理压力过大，而造成高度的紧张和焦虑，从而导致了注意力无法集中的障碍。另外，睡眠不足，大脑得不到充分休息，也可能出现注意力涣散的情况。

注意力的集中作为一种特殊的素质和能力，需要通过训练来获得。那么，训练自己注意力、提高自己专心致志素质的方法有哪些呢？

1. 运用积极目标的力量

这种方法的含义是什么？就是当你给自己设定了一个要自觉提高自己注意力和专心能力的目标时，你就会发现，你在非常短的时间内，集中注意力这种能力有了迅速的发展和变化。

要有一个目标，就是从现在开始要比过去善于集中注意力。不论做任何事情，一旦进入，能够迅速地不受干扰。这是非常重要的。比如，你今天如果对自己有这个要求，要在高度注意力集中的情况下，将某段文字的内容基本上一次都记忆下来。当你有了这样一个训练目标时，你的注意力本身就会高度集中，你就会排除干扰。

我们知道，在军事上把兵力漫无目标地分散开，被敌人各个围歼，必是败军之将。与我们在学习、工作和事业中一样，将自己的精力漫无目标地散漫一片，将永远是一个失败的人物。学会在需要的任何时候将自己的力量集中起来，注意力集中起来，这是一个成功者的天才品质。培养这种品质的第一个方法，是要有这样的目标。

2. 培养对专心素质的兴趣

有了这种兴趣，你就会给自己设置很多训练的科目、训练的方式、训练的手段。你就会在很短的时间内，甚至完全有可能通过一个暑期的自我训练，发现自己和书上所赞扬的那些大科学家、大思想家、大文学家、大政治家、大军事家一样，有了令人称赞的注意力集中的能力。

3. 要有对专心素质的自信

千万不要受自己和他人的不良暗示。有的家长从小就这样说孩子：我的孩子注意力不集中。在很多场合都听到家长说：我的孩子上课时精力不集中。有的同学自己可能也这样认为。不要这样认为，因为这种状态可以改变。

如果你现在比较善于集中注意力，那么，肯定那些天才的科学家、思想家、事业家、艺术家在这方面还有值得你学习的地方，你还有不及他们的差距，你就要想办法超过他们。

4. 善于排除外界干扰

要在排除干扰中训练排除干扰的能力。毛泽东在年轻的时候为了训练自己注意力集中的能力，曾经给自己立下这样一个训练科目，到城门前、车水马龙之处读书。为了什么？就是为了训练自己的抗干扰能力。青年朋友们一定知道，一些优秀的军事家在炮火连天的情况下，依然能够非常沉静地、注意力高度集中地在指挥中心研究战略战术的选择和取向。生死的危险就悬在头上，可是还要能够排除这种威胁的干扰，来判断军事上如何部署。这种抗拒环境干扰的能力，是需要训练的。

5. 善于排除内心的干扰

在这里要排除的不是环境的干扰，而是内心的干扰。常常内心的干扰比环境的干扰更严重。环境可能很安静，在课堂上，周围的同学都坐得很好，但是，自己内心可能有一种骚动，有一种干扰自己的情绪活动，有一种与这个学习不相关的兴奋。对各种各样的情绪活动，要善于将它们放下来，予以排除。这时候，青年朋友们要学会将自己的身体坐端正，将身体放松下来，将整个面部表情放松下来，也就是将内心各种情绪的干扰随同这个身体的放松都放到一边。

只有当一个人将思想中的所有杂念都去除的时候，一瞬间你就进入了专一的主题，你的大脑就充分调动起来，才有才智，才有发明，才有创造，才有观察的能力、记忆的能力、逻辑推理的能力和想象的能力，才能拥有超乎常人的智慧。

潜意识蕴藏着无穷的宝藏

每一个人都拥有一座叫作潜意识的神秘宝藏，也是一座储量惊人的宝藏。第一次提出人类具有潜在意识学说的人，是西格蒙德・弗洛伊德。

弗洛伊德所谈的潜意识，是一种与理性相对立存在的本能，是人类固有的一种动力。他认为，人类有一种本能，也就是追求满足的、享受的、幸福的生活潜意识。这种潜意识虽然看不见摸不着，却一直在不知不觉中控制着人类的言语行动。在适当的条件下，这种潜意识可以升华成为人类文明的原始动力。

根据维也纳大学康士坦丁博士估算，人类的脑神经细胞数量约有一千五百亿个，脑神经细胞受到外部的刺激，会长出芽，再长成枝（神经元），与其他脑细胞结合并相互联络，促使联络网的发达，于是开启了信息电路。然而人类有 95%

以上的神经元处于未使用状态，这些沉睡的神经元如果能够被唤醒，几乎人人都可以变成“超人”。

如果将人类的整个意识比喻成一座冰山的话，那么浮出水面的部分就是属于显意识的范围，约占意识的5%，换句话说，95%隐藏在冰山底下的意识就是属于潜意识的力量。

这仅仅是理论值，就目前只用到很少的脑细胞的大脑，其耗氧量已经占到全身耗氧量的四分之一。所以全部使用是不可能的。

就算是像爱因斯坦、爱迪生等天才人物，一生中也不过运用了他们潜意识力量的2%不到。因此，任何人不论你聪明才智的高低，成功背景的好坏，也不论你的愿望多么的高不可攀，只要懂得善用这股潜在的能力，它就一定可以将你的愿望具体的在你的生活中实现出来。潜意识如同一部万能的机器，任何愿望都可以办得到，但需要有人来驾驶它，而这个人就是你自己，只要你有心控制，只让好的印象或暗示进入潜意识就可以了。潜意识大师摩菲博士说过：“我们要不断地用充满希望与期待的话，来与潜意识交谈，于是潜意识就会让你的生活状况变得更明朗，让你的希望和期待实现。”

只要你不去想负面的事情，而选择有积极性、正面性、建设性的事情，你就可以左右你自己的命运。

辩证唯物主义中的基本原理是：物质第一性，意识第二性；物质对意识起决定作用，而意识对物质起反作用。但是这个反作用，以往我们注意的是意识中可以使部分的能动作用，却没有注意到意识中不可意识部分即潜意识的消极负面作用。

潜意识形成后，反作用于人的身体，减慢我们的思维速度，影响我们的记忆……从而影响了我们的思维也影响了我们的健康。

一位母亲由于莫名的烦躁，对自己调皮的孩子不上进感到焦虑，经常打骂指责自己的孩子，并对孩子说：“你瞎了吗？这样的东西都看不见？”或者“你聋了吗，我讲的话你都听不进去？”在这里可以看出在打痛孩子肉体的过程中，不自觉地向孩子心灵植入潜意识，可以预见的是：这个孩子将来在他的视觉或听觉方面肯定会有心理障碍，或者是听不清充足的音色，或者是看不全充足的颜色。

会下围棋的人大概都知道下棋先后次序的重要性，我国棋圣聂卫平对此是深有体会。聂棋圣曾经在一次国际重要围棋比赛后遗憾地说，自己明明前半盘领先优势很大，在收官子的阶段自己怎么下出了昏着啊！明明是在脑袋里想好的最佳收官次序，可是在出手下子时却下出最差的收官次序，真是莫名其妙，结果被别人翻盘了！真遗憾啊！

在这里，我们可以看出“反过来吧”或者诸如此类意念的潜意识在聂棋圣脑里起了作用！在聂棋圣疲倦的时候，潜意识这个小人儿说：快反过来吧。他的大脑就把最佳的次序与最差的次序反了过来！这种潜意识的形成可以追溯到聂卫平棋圣早年或青年时期（或许是“文革”时的）所遭受的肉体痛苦或精神迫害，同时伴随着“反过来”等意义的语言。

由于受这种潜意识的影响，聂棋圣又有多少次遗憾地与世界冠军失之交臂呢？这恐怕只有聂棋圣本人最清楚了。

世界潜能大师博恩·崔西曾经说过：“潜意识的力量比意识大三万倍以上。”当一个人善用自己的潜意识，使自己的潜意识处于最佳状态的时候，就是智慧之泉源源不绝的时候。

善于借用他人的智慧

一个人，无论他的能耐有多大，他的智慧和才能都是有限的。唯有借助他人的能力和智慧，取长补短，为我所用，才能将智慧发挥到极致，才能离成功更进一步。

一个人有无智慧，往往体现在做事的方法上。山外有山，人外有人。自然，借用别人的智慧，助自己成功，是必不可少的成事之道。

不嫉妒别人的长处，善于发现别人的长处，并能够加以利用，协调别人为自己做事，与合作人之间建立良好的信誉，是成大事的基本法则。

如果你觉得有必要培养某种自己欠缺的才能，不妨主动去找具备这种特长的人，请他参与相关团体。三国中的刘备，文才不如诸葛亮，武功不如关羽、张飞、赵云，但他有一种别人不及的优点，那就是一种巨大的协调能力，他能够吸引这些优秀的人才为他所用。多一样才华，等于锦上添花，而且通过这种渠道结识的人，也将成为你的伙伴、同业、同事、专业顾问，甚至变成朋友。能集合众人才智的公司，才有茁壮成长、迈向成功之路的可能。

能够发现自己和别人的才能，并能为我所用的人，就等于找到了成功的力量。聪明的人善于从别人身上吸取智慧的营养补充自己。从别人那里借用智慧，比从别人那里获得金钱更为划算。读过《圣经》的人都知道，摩西算是世界上最早的教导者之一。他懂得一个道理：一个人只要得到其他人的帮助，就可以做成更多的事情。

当摩西带领以色列子孙前往上帝许诺给他们的领地时，他的岳父杰塞罗发现摩西的工作实在过度，如果他一直这样下去的话，人们很快就会吃苦头了。于是杰塞罗想法帮助摩西解决了问题。他告诉摩西将这群人分成几组，每组 1000 人，然后再将每组分成 10 个小组，每组 100 人，再将 100 人分成 2 组，每组各 50 人。最后，再将 50 人分成 5 组，每组各 10 人。然后，杰塞罗又教导摩西，要他让每一组选出一位首领，而且这位首领必须负责解决本组成员所遇到的任何问题。摩西接受了建议，并吩咐那些负责 1000 人的首领，分别找到知己胜任的伙伴。

用心去倾听每个人对你的计划的看法，是一种美德，它是一种虚怀若谷的表现。他们的意见，你不见得各个都赞同，但有些看法和心得，一定是你不曾想过、考虑过的。广纳意见，将有助于你迈向成功之路。

一滴水只有放到大海里才不会干涸，一个人只有借用他人的力量才会有所作为。因为任何成绩的取得，都是智慧的结晶。牛顿说得好："如果说我看得远，那是因为我站在巨人的肩膀上。"的确，除了他的自身实践之外，如果没有前人创造的数学和力学知识，牛顿也是不能创立地心引力论的。

当然，浩瀚的大海是由千千万万滴水汇聚而成的，集体的智慧和力量也是由个人聚集而成的，只有每一个人都发挥才智，集体才会有无穷的智慧和力量。古人云，三人行，必有我师。借助别人的智慧解决和处理问题，往往能够收到事半功倍的效果。

西汉时期的刘邦，运筹帷幄比不上张良、萧何；带兵打仗比不上韩信。可他却获得了天下，就在于他善于听取别人的意见，借助他人的智慧。刘邦在一次庆功会上，曾向群臣解释说："夫运筹帷幄之中，决胜千里之外，吾不如子房（张良）；镇国家，抚百姓，给饷馈，不绝粮道，吾不如萧何；连百万之众，战必胜，攻必取，吾不如韩信。三者皆人杰，吾能用之，此吾所以取天下者也。项羽有一范增而不能用，此所以为吾擒也。”

然而，与刘邦恰恰相反的是，《三国演义》中马谡，这人可以称得上是一个满腹经纶，熟读兵书战略的风云人物。他自幼“饱读兵书，颇知兵法”。在蜀军平定西南时，马谡曾向诸葛亮提出富有战略远见的正确建议：“攻心为上”，足见其韬略之深，可是当他身为街亭之战的主将时，却因为听不进别人的意见，导致街亭失守，酿造了一出不应该发生的悲剧。

在成功的道路上，离不开他人的智慧和支持。一个人也好，一个集体也罢，应懂得借助他人的力量与智慧，为我所用。

情感智慧助你成功

我们时常听说这样一句话："小时了了，大未必佳"。这是一个历史典故，意思就是说，一个人小时候智商很高，聪明得不得了，长大了未必就是成功的。时至今日，很多案例可以证明，我们祖先说得真有道理。现代科学家，用实验证明，发现一个人的成功不仅需要高智商，更需要高的情商。

情商才是人类真正的智能评判的新标准，它主宰人生的80%，而智商最多决定人生的20%，情商才是真正与一个人的未来成就及幸福紧密相关的因素。以下是促进情感智慧的一些要素：

1. 自我觉察

即某种感觉一产生你就能觉察到。这种能力是情感智慧的主要成分，对自己的情绪了解得比较清楚的人，比较善于驾驭自己的人生。只要努力练习，我们就能对自己的直觉有更敏锐的觉察力。

2. 驾驭心情

一个人常会好心情或坏心情，关键是如何保持平衡。有人说发泄能令人觉得舒服些，然而，值得提醒的是，勃然大怒会刺激脑部的唤起系统活跃起来，令你怒气更增，而不是平息。比较有效的方法是“重新评断”，即自觉地从比较积极的角度去重新看一件事。

3. 自我激发

积极性的自我激发即鼓起勇气、干劲和信心，是争取成就所必需的。有专家对奥运选手、世界级音乐家和国际象棋大师做过研究，发现这些杰出人物有个共同特征：能激发自己苦练不辍。要争取成功，首先要有明确的目标，以及“天下无难事”的乐观态度。

美国心理学家马田·施力曼建议都市人寿保险公司特别雇用了一批在才能测验中不及格但很乐观的求职者，然后拿他们和才能测验中及格但很悲观的保险推销员相比较，结果发现，乐观组的业绩大大高于悲观组。事实上，悲观的人是可以通过努力练习转化为乐观的。心理学家的研究证明，如果一个人发现自己有消极、自暴自弃的想法后能把它控制住，便能对情况进行重新评断，会觉得一切还不至于太糟。

4. 控制冲动

能否自我调节情绪的一个要素，是能够抑制冲动。美国心理学家瓦尔特·米斯切尔于六十年代在斯坦福大学一所幼儿园内做过实验，证明了这种能力对于成功的重要性。在实验中，研究人员告诉小朋友，他们可以立即拿走一粒果汁软糖，但如果能等到研究人员做完事情再拿则可以拿两粒。有些小朋友立即就拿了一粒，而另外一些小朋友们却在那里等了20分钟。这项实验更令人感兴趣的是后来的后续调查，那些4岁时就能为了多拿一粒糖而能多等20分钟的孩子，到了少年时照样能为了达到目的而暂时克制自己，他们待人处事比较圆熟，比较果断，也比较善于克服人生中的挫折。抑制冲动的能力是可以锻炼出来的，当你面对诱惑时，别忘了提醒自己应以长远目标为重。

5. 人际关系

美国两位心理学家罗伯·凯利和珍妮特·卡普兰在贝尔实验室里做的研究，证明了良好的人际关系技巧多么重要。实验室的工作人员不是工程师就是科学家，在学术智商测验中得分都很高。可是他们之中那些人际关系良好的人明显地更为出类拔萃，而人际关系较差的人却碌碌无为。这个事实再次证明，情感智慧是助你成功的重要因素。

智商的作用主要在于更好地认识事物。智商高的人，思维品质优良，学习能力强，认识深度深，容易在某个专业领域做出杰出成就，成为某个领域的专家。调查表明，许多高智商的人成为专家、学者、教授、法官、律师、记者等，在自己的领域有较高造诣。情商主要与非理性因素有关，它影响着认识和实践活动的动力。它通过影响人的兴趣、意志、毅力，加强或弱化认识事物的驱动力。智商不高而情商较高的人，学习效率虽然不如高智商者，但是，有时能比高智商者学得更好，成就更大。因为锲而不舍的精神使勤能补拙。

另外，情商是自我和他人情感把握和调节的一种能力，因此，对人际关系的处理有较大关系。其作用与社会生活、人际关系、健康状况、婚姻状况有密切关联。情商低的人人际关系紧张，婚姻容易破裂，领导水平不高。而情商较高的人，通常有较健康的情绪，有较完满的婚姻和家庭，有良好的人际关系，容易成为某个部门的领导人，具有较高的领导管理能力。

智商掌握着成功的理性因素，情商则和成功的非理性因素紧密相连。智慧的人生，是不光要有好的智商更要有较高的情商的人生。

只要坚持
梦想总是可以实现的

第九章

财富是智慧积累的结果

在英文里“财富”是一个词，即 Fortune 或 Wealth。Wealth 更大程度上是指财产本身，Fortune 则有所不同，有“好运”的意思，获得巨大财产是要有运气的，换句话说就是财富不是谁都能得到的。中文里，“财富”由两个汉字组成：“财”和“富”。

“财”意为财产，是客观存在的事实，“富”意为富有，带有自我感受的意味。你的财富不能靠坑蒙拐骗的手段从别人那里获得，财富是智慧的积累。

叩响你的财富之门

富裕确实令人着迷，确实令人向往，那么富人是怎样成为富人的呢？怎样才能获得财富呢？有没有获得财富的捷径呢？财富是智慧的积累，比如一个好的创意往往能叩响你的财富之门。很多商人靠的就是创意走出了经营困境。

在经济大萧条来到时，许多企业无法在大萧条中生存下去，就在很多水果店关门的时候，东京有家水果店却没有受影响，照样生意很好。

这家水果店为什么能在这种环境下继续经营下去呢？原来这家店的老板想出了一个绝妙的经营方案，他派人去苹果产地预先订购一些苹果，然后从客户名录中挑选大约 200 名订货数量较多的客户，把他们的名字用油性水笔写在透明的标签纸上，请人一一贴在苹果的空白处，然后送给客户。当苹果完全变红之后，揭下标签纸，苹果上就留下了清晰的字迹。水果店的老板如此细心，重视顾客的行为，令很多人感动，因此大家都愿意订购他家的水果。

其实你送大客户一两个苹果算不了什么，成本也不高。但顾客接到这种特别的礼物都会十分感激，其效果不亚于送其一箱苹果。因为这种特别的苹果，客户记住了这家水果店。尽管还处在大萧条，但是水果店的生意却是红红火火。

由此可见，创意的重要性。好的创意可以挽救一个企业，开创一种新的经营方式和一种新的经营理念。如果没有好的创意，就不会有张艺谋的“云南印象”，不会有“超级女声”，IBM 也不会想到把电子科技和生物科技联系到一起，iPod 也不会与音乐联姻。聪明的商人都具有创造性，这也给他们带来了巨额的财富。

还一个成功的案例就是在澳大利亚“魔鬼饭店”的开设，这家饭店能让人在进餐的同时，观看到“塔斯马尼亚魔鬼”之称的袋獾进餐。这家饭店的创办人之所以有这种想法，是因为他发现，自己平日里司空见惯的景象，在游客眼中却是如此新奇和美妙。于是便想运用当地野生动物资源来吸引游客。

很多人觉得富有和贫穷和外界条件有很大的关系，其实这种想法是极其错误的。当两个人都处在同样的位置，有着同样的业务，两个人却有截然不同的结果：一个人发财，而另一个人却贫穷。这就表明财富首先不是由外界环境决定的。优越的外界环境可能会更有利于人们致富，但是当两个人都处在同样的境地，有着同样的业务，一人富裕而另一个人却贫穷，这就表明，致富的关键是由做事的特定路径决定的。

致富是由你的能力决定的，不受环境影响。在许多人的脑海里都有这样的思想："靠山吃山，靠水吃水；穷山恶水出刁民"，认为环境制约着致富。但假如是这样的话，我们会看到这样的图景：在同一个特定的区域中的人们都应该是富人或者都应该是穷光蛋。而现实的情况是某个城市的人们都富了，而它附近的城镇却依然贫穷；或者这个国家全国上下富得冒油，而跟它毗邻的国家却在贫穷的深渊里苦苦挣扎。

也许你还会为自己没有资金而困惑，致富和资金也没有必然联系。当你有了资金后，财富的增长会变得更快更容易；但是一个人拥有了资本就已经是个有钱的人了，并不需要考虑怎样去致富了。不管你多么穷，假如你能按照这样的方式去做的话你就会开始变得有钱，并且你也将拥有资本了。资本的获得也是你追求财富过程的一个部分，并且也是始终不变坚持按照那种方式做事的结果的一部分。你也许是这个国家最穷的人，且负债累累；你或许既没有朋友，没有关系，还没有资源；但是如果你开始按照这种致富方式行动的话，你绝对走上了开始赚钱的路了，因为种瓜得瓜！假如你没有资本，你就去赚到资本；假如你正处在失败的事业里，你就转败为胜；假如你处在不恰当的位置，你就爬进适合你的位置。你照样能够获得成功，拥有财富。

叩响你的财富之门的方法有很多种，但是都是智慧的结果，没有人不动脑子就会天上掉钱下来。只要你多想想，多观察，发现商机，把握商机，财富之门就会向你敞开。

不走寻常路

财富的创造有很多途径，但是敢于超越常规，不走寻常路，有时能给你带来巨额的财富，很多成功的商人就是走出了一条和别人不同的道路。

在美国哈佛大学有个小伙子叫科莱特。他有个好朋友也在哈佛念书，他们经常一块学习。大学二年级，那个小伙子和科莱特商议一起退学，去开发 32Bit 财务软件，因为新编教科书中，已解决了进位制路径的转换问题。科莱特感到非常吃惊，因为他来这里是为了求学的，而不是闹着玩的。更重要的是，Bit 系统他们只学习了点皮毛，他觉得这件事没那么容易，于是没有放弃在哈佛学习的机会。

那个退学的小退学的伙子就是比尔·盖茨，他凭借着自己超人的胆量，走出了一条不同寻常的路，成了世界首富。

要走一条不同寻常的路，是需要胆量的，重要的是敢于做，敢于迈出第一步。语言的巨人、行动的矮子，是永远不会获得实质的回报的。修炼高胆商、果断行动是一种勇气，非要等到万事俱备时，机会恐怕早已错失了。做出一个决定，如果不马上采取行动，无论计划多完美，最终都不免纸上谈兵；无论多大信心，随着时间的推移，都会因为耽于行动而使充足的信心变成无用的空话。只有将自己的胆识、勇气付诸实践中去，才能产生实实在在的成果。

很多人没有成功就是没有行动的魄力，想一套，做一套。如果不付诸行动，目标将永远是幻想。好的策略不应局限于纸面，最好的办法还是行动起来，按照完善的计划，一步一步地实施，并根据外界环境的变化调整策略。对人生、对职业，你有没有规划？有了规划，敢不敢行动？“赢家”之所以令人羡慕，是因为其不可多得，谁要是不敢付诸实践的代价，谁就会与赢家彻底无缘。机会有时候把握住了就成功了，但是那需要你舍去当前的现状，关键是很多人不愿舍去。

你的胆略来自于你的主观能动性，它是一种渴望，想常人不敢想、做常人不敢做之事，这就是胆略的特质。从史玉柱这样的高胆商者身上，我们能学到什么呢？

首先，要敢于突破现状。避免重复性地做同一种模式的工作，过同一种重复单调的生活，养成一种固定的习惯。一方面，这表示我们已经积累了一些经验，可以应付日常情况下出现的问题；但从另一个角度来看，如果面对每一个状况，都用同一种模式去思考，用同一种方式来处理，就会陷入因循守旧的泥潭，长此以往习惯就会成为束缚头脑的枷锁，创造力渐渐衰亡，胆子也不知不觉变小了。因而培养自我挑战的勇气，在客观环境没有要求你改变的时候，自己就主动求变，掌握住先机。

其实，要保持思想的独立性。坚持自己的立场和主张，独立思考和判断；不人云亦云，不盲目追随流行；不哗众取宠，为了讨好上司、老板、同事而放弃原则或立场。在多数意见面前，你有没有坚持自己观点的勇气？你是不是随波逐流，“少数服从多数”？真理和正确的抉择，绝不在于人数的多寡，或者是否让别人的面子觉得好看。如果为了让自己不受歧视和孤立而追随大多数，如果面对思想上的冲突总是选择缄默、臣服于压力，你终会使人格失去独立性，做任何事情都不敢有突破的胆量了。

最后，要坚持下去！自助者天助。生活工作中，难免会遭遇种种困难，主观的，譬如专业能力欠缺；客观的，如人际关系的复杂变化，或者是制度上的限制。这时候，你需要有从容面对困难、战胜困难的魄力。果敢地行动起来、走自己的路是一种勇气，坚持下去是更大的勇气。

和气生财

发财不是因为他们拥有别人没有的才能和天赋，而是因为他们巧妙地按照财富运作的规律做事。和气生财，关键是一个“和”字。必须强调，和的重要性，绝不仅仅表现于能够生财，而是渗透于你生活的方方面面。

自古以来就讲究“君子和而不同，小人同而不和”。四杯白水相加，依然是寡淡无味的白开水。如果是油、盐、酱、醋相和，则无疑能调配成一碗有滋有味的羹汤。治国如烹小鲜，更不必说是和气生财了。陶朱公（范蠡）深谙天时地利人和之大和之道，辅政则政兴，从商则大富，更兼“富好行其德者”。“故言富者皆称陶朱公。”陶朱公真不愧为中华第一商人。现代企业要求生存也要注重“和”，努力创建“和”的文化。

企业文化中的“和”就是培养和谐精神、团队精神。因为和谐精神、团队精神是企业的核心竞争力。要注重以人为本，凝聚团队，因为一切管理的好坏都是人所创造、影响与决定的。从制造“美国企业史上最著名的东山再起传奇”的IBM首席执行官露易斯·郭士纳，到“使老牌巨人返老还童”的通用电气首席执行官杰克·威尔奇，再到使可口可乐“一飞冲天”的首席执行官罗伯特·高兹耶达，都有力地证明了以人为本、善于用人是企业兴衰的关键。德国汉斯·卢瑙说：“人才是我们公司无与伦比的、永不枯竭的最宝贵的财富。”德国海内茨·尼克斯道夫认为：对人的投资比对机器投资更为重要。很多企业都注重这种以人为本的和谐文化的创建。

在这种氛围下工作，员工往往能把企业当成一个和谐的大家庭。部门之间、岗位之间、个人之间不存在推卸责任的现象；企业所有成员都属于企业内部的自己人。管理者最重要的任务有三个，即营造组织、传授技术、运用资金。要营造组织，首先就要招聘、培训好员工，使员工认识到他们必须在一起努力配合把工作做好。如日本大仓集团管理的宾馆，都有定期出版的宾馆通讯，上面将每一位新员工称为新社员，刊登每一位新社员的照片、爱好和格言，并刊登新员工新生婴儿的照片，实实在在地让员工感到企业是一个人人应该为之奋斗的家。在这种理念指引下，日本企业注意消除劳资对立，缩小蓝领与白领工人之间的差距，缩小管理者与雇员的对立。保持企业内成员的和谐、合作和意见一致，是日本企业管理追求的重要目标。

那么如何来做到一团“和气”呢？你不妨从以下几方面努力。第一要诚实。无论是亲友，还是买卖客人，都要以诚实待人。言语必信，举动至诚。第二要谦和。谦是谦恭，和是和气。如对店中亲友、买卖客人交谈之间，需要和颜悦色，不可粗心暴气。第三要忍耐。忍是含忍，耐是耐唯。或是同店朋友，以恶加我；或是老板言重，使我难当，唯以忍之为高，不可强辩。第四要变通。变者，不执一；通者，达也。第五要心有主宰。要心中有主宰，总以不贪外财为心。做人要和气，做生意更要和气，不能伤了和气。

吃亏就是占便宜

东京横山町有名的岛村大楼业主、岛村产业公司及丸芳物产公司董事长岛村芳雄，早年便背井离乡，前来东京一家包装材料店当店员，薪金只有一万八千元，还要养活母亲和三个弟妹，因此他时常囊中羞涩，身无分文。

在创业初期岛村深信，虽然他的条件比别人差，但用自己新创的“原价销售商法”干下去的话，一定能在竞争激烈的商业界立足的。岛村的原价销售法相当有名，但方法很简单，没什么花招。

首先，他就前往黄麻产地冈山的麻绳索厂商，一条45厘米长的麻绳以五角钱大量买进，然后照原价一条以五角钱卖给东京一带的纸袋工厂。

完全无利润反而赔本的生意做了一年之后，“岛村的绳索确实便宜”的名声远播，应接不暇的订货单就从各地像雪片纷飞般源源而来。

于是岛村就按部就班，采取他的行动，他拿购货收据前去订货客户处诉说:“到现在为止，我是一毛也没赚你们的钱。但是这样让我继续为你们服务的话，我便只有破产的一条路可走了。”

这样跟客户交涉的结果，客户也为他的诚实的做法深受感动，心甘情愿的把交货价格提高为五角五分钱。

同时，他又到冈山找麻绳厂商洽谈：“你卖给我一条五角钱，我是一直照原价卖给别人的，因此现在才有这么多的订货。如果这种无利赔本的生意让我继续下去的话，我只有等关门倒闭了。”

冈山的厂商一看他开给客户的收据存根，便大吃一惊了，这样甘愿不赚钱做生意的人，他们生平头一次遇见，于是就不加考虑，一口答应以后供应他一条四角五分钱。

如此一条赚一角钱，按当时他一天的交货量1000万条算起来，一天的利润就有100万元，比以前当店员五年的薪金还要多。

创业两年后，他就成为名满天下的人，同时把丸芳商会改为公司组织。

他的成功，究其原因可以说，他的原价商法，即是“吃亏就是占便宜”商法，是一项最高明、最高超、奥妙无穷的招财进门的法宝。

你给予他人的，应该多于你从别人那里得到的，在短期内有点吃亏，但是从长远来看，这是我们致富的法宝。

第二次世界大战结束后，很多国家决定在纽约成立联合国，以便将来处理国与国之间的事务。所有的事情都计划好了，可是却找不到合适的地方来设立这一机构。

唯一的办法就是买块地，资金却是个问题。让世界各国筹资吧，牌子刚刚挂起，就要向世界各国搞经济摊派，负面影响太大，况且刚刚经历了战争的浩劫，各国都财库空虚，甚至许多国家财政赤字居高不下，在寸金寸土的纽约筹资买下一块地皮，并不是一件容易的事情。

听到这一消息后，美国著名的家族财团洛克菲勒家族经商议，便马上果断出资 870 万美元，在纽约买下了一块地皮，将这块地皮无条件地赠送给了这个刚刚挂牌的国际性组织联合国。同时，洛克菲勒家族亦将毗连这块地皮的大面积地皮全部买下。

对洛克菲勒家族的这一出人意料之举，许多美国大财团都吃惊不已。870 万美元，对于战后经济萎靡的美国和全世界都是一笔不小的数目呀，而洛克菲勒家族却将它拱手相赠，并且什么条件也没有。

这条消息传出后，美国许多财团主和地产商都纷纷嘲笑说：“这简直是蠢人之举。”并纷纷断言：这样经营不要十年，著名的洛克菲勒家族财团便会沦落为著名的洛克菲勒家族贫民集团。

但出人意料的是，联合国大楼刚刚完工，毗邻它四周的地价便立刻飙升起来，相当于捐赠款数十倍、近百倍的巨额财富源源不断地涌进了洛克菲勒家族。这种结局令那些曾经讥讽和嘲笑过洛克菲勒家族的商人们目瞪口呆。

其实在许多时候，赠予也是一种经营之道。有舍有得，只有舍去，才能得到。不会给予，想拥有一切，最终你将一无所有。

联合与合作才是致富之道

国民党当年撤退到台湾时把福建东山岛的壮丁也全部抓走了，因此那个村有很多寡妇，新中国成立以后，因为家中缺少劳动力，这个村一直很穷。

前些年，台湾有一个企业家搞了一套人工养殖鲍鱼的技术。他到东山岛找县长谈，想在这里投资发展。经过谈判，县长同意了这个企业家在这里建养殖场，并答应给一些较优厚的条件。结果省里接到一大堆告状信。告状信写道：土地给他优惠价格，税收给他一定减免，还贷款给他，连清朝政府都没有定过这么优惠的条件。意思是那个县长比清朝政府还无能。省委领导倒很清醒，没有忙着下结论，搞改革就让他先去搞，试验一段再说。

几年后，台商建了养殖场后，人工养殖鲍鱼需要劳动力，劳动力就由各村的农民轮流来当，他们在当劳动力期间都学会了这套技术。如今的东山岛，家家都养殖鲍鱼，这个养殖场也在发展。农民都靠养鲍鱼发家致富了。

俗话都说肥水不流外人田，其实联合和合作才是致富之道。不让人家赚钱，当地农民也富不了。让人家富起来，自己也富了。这个养殖场建在福建，土地人家也拿不走，建场就建场。这就叫“和解就是双赢”，双赢就能共同富裕。“肥水要流外人田”，道理就在这儿。

现在很多企业的发展就是通过合作实现的，合作创造了一个“双赢”的局面。国外学者把这种基于“双赢”基础上的经营模式称为“合作性竞争”，认为合作性竞争能降低竞争双方的成本，提高营运效率，实现资源优势的互补，而即使是同一产业、同一行业中的竞争对手，在合作基础上的竞争也较一味自立山头、消灭竞争对手、占据垄断地位等传统竞争效果更为理想，存续更为持久，发展更为容易。

美国的“水晶杯”公司与“细瓷”一直以来都处在激烈的竞争之中，只要一个公司推出一个新产品，另一个公司也推出相应的产品，目的就是霸占市场。但后来经过他们协商，决定联合推销。“水晶杯”公司利用“细瓷”餐具多年在日本的信誉，通过联合销售将其打入日本市场；而“细瓷”餐具利用“水晶杯”50% 的产品销往美国的优势，使“细瓷”餐具出现在美国家庭与饭店的餐桌上。联合以后他们都减少了竞争的成本，双双都受益。

这也印证了“花花轿儿人抬人”的说法。这句杭州俗语说的是人与人之间离不开相互维护、相互帮衬。中国还有一句俗话说：“土帮土成墙，人帮人成王。”当今，人抬人，人帮人对企业来讲是极其重要的。由此可见，商人要有联合与合作的观点，不要计较眼前得失，要注重双赢。正如印度尼西亚华人银行家李文正主张，谈判不一定要分出胜败，而应皆大欢喜。

李文正当初进入银行业是和福建的一个商人合伙的。1971 年，他与弟弟李文光、李文明及郭万安、朱南权、李振强等共同集资，组织了泛印度尼西亚银行。从 1973 年 9 月至 1974 年 11 月间，李文正领导泛印尼银行和印尼中央银行、世界银行及其他十几家各国银行、财务暨企业公司联合组成印尼私营金融发展公司。

同时，泛印尼银行和瑞士富士银行、日本东京富士银行有限公司、美国旧金山克罗克国际开发公司、澳大利亚商业银行及印尼多国开发有限公司联合组成国际金融合作有限公司，从事国际性融资和企业投资开发等业务。

后来，泛印尼银行又和法国皇家信贷银行签订贷款及技术合作协定，引进法国长期低利信贷。在短短五年时间使泛印尼银行成为印尼第一大私营银行。1975年他应邀担任林绍良的中亚银行董事总经理。此时，他还独资创办了力宝控股有限公司。该公司一方面和美国斯蒂恒斯金融公司联营一些金融企业；另一方面又和林绍良家族各出百分之五十的资本组成力宝集团，共同联营另外一些金融企业。李文正就是靠不断地联合和合作增强自己的实力，从一个普通的商人成长成为著名的银行家。

联合和合作是创造财富的一个有力法宝，当自己的力量薄弱时，合作可以加强你的力量，当你的力量强大时，可以让你的力量更加强大。在现代社会要想创造财富必须学会合作，在联合和合作中壮大自己。

成功之花在竞争中盛开

有一群狼和一群鹿住在美国的一个原始森林里。人们为了保护可爱而又善良的鹿，设立了鹿保护区，杀灭了保护区里的狼。一段时间以后，由于没有狼的追赶，鹿的危机感消失了，他们或三五成群，或单独行动，但出于鹿的本性，它们大都是吃饱了睡，睡足了吃。没多久，鹿变得越来越胖，鹿群也扩大了，但随之而来的是森林中植物被大量的鹿啃食，从而被破坏，而饥饿造成鹿大量死亡，接着疾病流行，只剩下一些病鹿苟延残喘。于是，人们又把狼请回了森林。于是，在整个森林里，人们经常可以看到，鹿在前面拼命地跑，狼在后面追，谁慢了，谁胖得跑不动了，谁就会被狼吃掉。虽然有些鹿被狼吃掉了，但是带来的好处颇多，首先鹿不再像以前那样扩大，而是维持在一定的数量；其次，森林也被保护了。

在动物界的生存法则是物竞天择。没有天敌的动物往往最先灭绝，有天敌的动物则会逐步繁衍壮大。可见竞争和共存是相提并论的。

做生意也要明白竞争和共存之间的关系。有一句俗话说：“同行是冤家。”在古典主义的经济学里，竞争被看作是推动经济增长、改善资源配置的最强大的动力。但这种传统意义上的竞争是一种你死我活的竞争——竞争是高度对抗性的，是一种零的博弈。现代的竞争模式则发生着较大的变化，20世纪90年代以来，人们逐渐摒弃单纯竞争的企业运作理念。在城市的街区，人们常见到这样的现象：一些地段上的商店十分拥挤，形成一个繁荣的商业中心区，而另一些街区则冷冷清清，商家很少。比如肯德基和麦当劳总是挨得很近，也就是说，很多同类的品牌店都聚在一起。

很多学者也对这种现象进行了研究，把这种现象叫作“同业聚集”。所谓“同业聚集”理论，通俗地讲就是，同业商店越开越多，形成商业一条街，会产生聚集效应，容易扩大影响，凝聚人气。顾客在购物时可以减少交通成本和信息成本，减少买不到理想物品的风险。同时，顾客的选择余地也比较大，可以货比三家，还起价来比较容易。“同业聚集”

说明了在竞争中生存，在竞争中发展的道理。因此很多大企业都很看重竞争，他们往往不愿意摧毁这种机制。

2006年，可口可乐公司发生了重大的配方泄露案，泄露机密的就是可口可乐公司自己的员工。令人惊奇的是，此次可口可乐公司抓出“家贼”，竟然是全靠老对手百事可乐公司的主动帮忙。原来，一个自称是可口可乐公司高级雇员的人给百事公司写信，表示可以向百事提供可口可乐公司“十分详细和机密的资料”。百事公司不为所动，而是及时通知可口可乐公司和联邦调查局，及时抓住了泄密的雇员。几十年来，为了争夺日趋饱和的饮料市场，可口可乐和百事可乐一直进行着激烈的较量，可算是一对“不共戴天”的竞争对手。然而，就在这样一个好的机遇下，百事却做出了令人钦佩的举动，维护了竞争的规则。

由此可见，良性的竞争是有利于企业的发展的，但是并不是所有的竞争都有利于发展，一些恶性的竞争就会导致两败俱伤。

在CPU市场上，全球最大芯片厂商英特尔公司与AMD公司一直展开着你死我活的激烈竞争。自20世纪90年代开始，二者便大打价格战，不惜为“圈地”而牺牲利润。据2007

年 1 月 18 日《商业周刊》的报道，英特尔面临 AMD 的压力越来越大，市场需求和利润都进一步降低。英特尔在发布的 2006 年第四季度财报中表示，虽然第四季度的处理器销量创下了新的纪录，但是与一年前同期相比，其利润却减少了 39%。2006 年是英特尔公司与 AMD 公司竞争最为艰苦的一年，双方的竞争再次演变成了价格战。AMD 成功地从英特尔手中夺走了戴尔公司的订单。正是因为这样不停地进行价格恶战，AMD 的利润远比预期要低，正可谓两败俱伤。

只有在良性的竞争中才能开出成功之花，如果只是想把对方给打垮，只留下自己，这样的竞争只会两败俱伤。良性的竞争应该努力去创造一个适合大家生存又有激励机制的环境。

只要坚持
梦想总是可以实现的

第十章

适度地享受，适度地工作

每个人都需要工作，很多人觉得工作就像一座大山压得人喘不过气。

其实工作快乐不快乐全在你自己，别给自己施加压力，别再痛苦和抱怨，虽然你的职场生涯并不能总是给你带来快乐，但是要理性地看待工作。

要学会调试自己，适度享受，适度工作，让自己学会享受工作的快乐！

让人生丰满、充实而有意义

当人长大后开始工作，工作到底意味着什么呢？仅仅是为了生计而工作吗？要让你的人生丰满、充实而又有意义，你就要在你工作中去发现比生计更可贵，更有价值的东西。

在工作中还有什么东西比金钱还可贵，还有价值呢？薪水固然重要，但是一个以薪水为个人奋斗目标的人是无法走出平庸的生活模式的，也从来不会有真正的成就感。虽然工资应该成为工作目的之一，但是从工作中能真正获得的更多的东西却不是装在信封中的钞票。人生的追求不仅仅只有满足生存需要，还有更高层次的需求，有更高层次的动力驱使。

这种更高层次的动力就是激情，工作的激情，充满热情的人生才会充实。试着请教那些事业成功的人士，他们在没有优厚的金钱回报下，是否还继续从事自己的工作？大部分人的回答都是："绝对是！我不会有丝毫改变，因为我热爱自己的工作。”想要攀上成功之阶，最明智的方法就是选择一件即使酬劳不多，也愿意做下去的工作。当你热爱自己所从事的工作时，金钱就会尾随而至。你也将成为人们竞相聘请的对象，并且获得更丰厚的酬劳。

工作不应只是为了薪水，只有这样你的生活质量才会提高。为薪水而工作，看起来目的明确，但是往往被短期利益蒙蔽了心智，使我们看不清未来发展的道路，结果使得我们即便日后奋起直追，振作努力，也无法超越。那些不满于薪水低而敷衍了事工作的人，固然对老板是一种损害，但是长此以往，无异于使自己的生命枯萎，将自己的希望断送，一生只能做一个庸庸碌碌、心胸狭隘的懦夫。你会感到工作郁闷而无趣。

其实工作能给你带来很多东西，比如说在工作中你能发展你的兴趣，这是一件多么愉快的事情啊。此外如果你将工作视为一种积极的学习经验，那么，每一项工作中都包含着许多个人成长的机会。因此，面对微薄的薪水，你应当懂得，雇主支付给你的工作报酬固然是金钱，但你在工作中给予自己的报酬，乃是珍贵的经验、良好的训练、才能的表现和品格的建立。这些东西与金钱相比，其价值要高出千万倍。

因此当你刚踏进社会时，你不要仅仅考虑能赚多少钱，而要考虑工作中你能得到什么。譬如发展自己的技能，增加自己的社会经验，提升个人的人格魅力等等。与你在工作中获得的技能与经验相比，微薄的工资会显得不那么重要了。老板支付给你的是金钱，你自己赋予自己的是可以令你终身受益的黄金。能力比金钱重要万倍，因为它不会遗失也不会被偷。如果你有机会去研究那些成功人士，就会发现他们并非始终高居事业的顶峰。在他们的一生中，曾多次攀上顶峰又坠落谷底，虽起伏跌宕，但是有一种东西永远伴随着他们，那就是能力。有能力不管碰到什么困难你都能东山再起。

不要抱怨天天按时上班是件痛苦的事情，好好去享受工作带给你的乐趣吧。如果你一直努力工作，一直在进步，你就会有一个良好的、没有污点的人生记录，使你在公司甚至整个行业拥有一个好名声，良好的声誉将陪伴你一生。有许多人上班时总喜欢“忙里偷闲”，他们要么上班迟到、早退，要么在办公室与人闲聊，要么借出差之名游山玩水……这些人也许并没有因此被开除或扣减工资，但他们会落得一个不好的名声，也就很难有晋升的机会。如果他们想转换门庭，也不会有其他人对他们感兴趣。一个人如果总是为自己到底能拿多少工资而大伤脑筋的话，他又怎么能看到工资背后可能获得的成长机会呢？他又怎么能意识到从工作中获得的技能和经验，对自己的未来将会产生多么大的影响呢？这样的人每个月底除了拿点薪水外，什么也没获得。

生命对于每个人来说只有一次，既然要生存就要工作，这是不可改变的事情。你可以换一种心态去看待工作，把工作看作一种能给你带来的事情，这样你的每一天都会是快乐而充实的。

减少烦恼享受生活

很多人都追求永远快乐，其实这个世界上并没有永远的快乐。卢梭说："幸福是游移不定的，上苍并没有让它永驻人间。世界上的一切都瞬息万变，不可能寻索到一种永恒。环顾四周，万变皆生。我们自己也处于变化之中，今日所爱所慕到明朝或许也渺然难寻。因此，要想在今生今世追索到至极的幸福，无异于空想。"真正符合现实的快乐应该是尽量减少烦恼。

减少烦恼，享受生活，因为生活值得你去享受。如果说生活是一片汪洋大海，人是大海中的一叶扁舟，那么千万不要随波逐流，因为上帝还赐予你一双桨，请用你的桨带着自己远航，无论生活有多大的变迁，也不要消沉悲伤，这样，你便会发现，生活是很美好的——清晨，当你推开窗子，看到一片晴朗，你有没有这样想过，自己就像初升的太阳，去与天边的太阳比光辉呢？即使是阴天、是雨天，也依旧静心去欣赏呢？头发白了，皮肤皱了，你又有没有这样想过：我的笑声会染黑我花白的双鬓，我人老心永远不会老呢？背驼了，胡子花了，你又有没有这样对自己说过：只要看到夕阳，就一定会有明天，那更灿烂的阳光近了。

如果你对待生活的态度是积极的，你会发现生活真的很美好。只要你学会享受生活，生活就值得你去享受——碧绿的小草值得你对它微笑，广阔的田野值得你留下嘹亮歌声，天边的彩虹值得你大声歌颂它，赞美它。朋友的一句问候值得你用感激的心回应，陌生人友善的微笑值得你用同样真诚的微笑对待。朋友，生活中处处有值得你享受、感激的事，何必要因金钱、因利益将人生来就有的那种感激、那种真诚泯灭了呢？

每个人都有很多烦恼，烦恼让他们感到筋疲力尽，生活哪还有什么快乐可言。是啊，人生哪有一帆风顺的事，烦恼是在所难免的，请朋友们不要停留在烦恼里，勇敢地走出来，寻找快乐、幸福的明天。有人问快乐在那里，我该怎么做？简单地讲就是要我们在繁忙的工作之中，适当放松一下神经，检查一下我们内心的感觉积累，把烦恼删除，把郁闷忘记，用开心洗刷清新，将快乐复制积累，然后用心地享受它们，享受我们美好的人生。

不要不停地忙碌工作，偶尔也停下来问问自己快不快乐。我们活在世上，本应该快乐的生活，尽情地享受，可却因为些许琐事让我们变得烦躁郁闷，虽然我们不得不依赖这个社会生存，但是我们还是想告诉朋友们：无论我们工作如何、生活怎样，也不管我们遇到了什么逆境和挫折，我们还是要宽容它、热爱它。不要埋怨和抱怨，更不能让烦恼和忧郁占领我们生活的全部，因为社会本身无过，而是人们的行为让我们周围的一切形成了这样那样的结果。所以，你一定要为自己活着，活着的每一天都不要被烦恼所困惑，要开心才是最重要的。

烦恼和忧愁人人都会遇到，快乐和开心人人也都会拥有，只要我们学会享受生活，我们一定会尽快地忘记烦恼和忧郁，只要我们学会享受生活，我们一定会在我们的周围找到开心和快乐。我觉得要做到这一点并不难，那就是在我们遇到逆境和挫折的时候，在我们心情烦躁和郁闷的时候，我们只要还活着，就去找个风景秀丽的地方欣赏风景、放飞心情。或者再想想那些无家可归，和那些在病痛中的人们，有什么值得让我们去整日郁郁寡欢、有什么理由不忘掉烦恼去积极地面对生活？忘掉那些不开心的事吧，不要让那些坏心情影响了美好的一天，每一天都是一个新的开始，让我们用笑脸去面对它吧。

朋友们！我们要在不同的环境，不同的时间和地点，我们要从不同的角度、用不同的方法去寻找快乐、寻找快乐的理由，然后用心去享受它！

不要让工作成为你的全部

生活中有些工作狂，工作就是他生活的全部。其实每个人都需要在工作中去调节自己，不要让工作占去了你的全部。因为除了工作，生活中还有很多美好的东西，等着我们去享受、去欣赏、去发现！放下工作，静下心来去欣赏生活，你会发现另一片蓝天！相反，如果你的生活中只有工作的话，你就会失去很多。

有一个小伙子每天早出晚归地工作。连续一个礼拜终于交出了所有的设计稿，也交接了所有的业务，离他们的婚礼只剩下不到三十个小时，他的妻子劝他什么事都别管，还是先睡一下吧！早上起床后，他的妻子见他还在睡觉，就没打扰他，自己去美容院化妆，然后就在休息室等他，等了一个小时，手机和家中电话都没人接，他的亲戚一个也不见，后来，她才知道，他们一到家，发现他已经没有呼吸，连忙送到医院，医生判断是时下常见的过劳死。

是工作夺走了这个年轻的生命，在结婚之际还在这样辛苦地工作着，难道非工作不可吗？为什么不肯停下来休息一下呢？你的逝去该给家庭带来多大的伤害？

如果只是一味地工作，没有其他事情，你的生活会充满压力的。一项最新出炉的针对全国 14000 多名职场人士压力状况的调查数据显示，有 42% 被调查者认为目前压力“比较大”，16% 则认为压力“极大”或“很大”。可见，职场压力大的问题已经非常严重。有些人为了逃避压力，只好酗酒、暴饮暴食、疯狂购物，不自觉变成了工作的奴隶。工作是人生中必需的，没有工作就没有收入，就得不到自己想要的一切，但是工作不是唯一的。要想不被工作所累，就要在工作中去调节自己。

那么如何去调节自己呢？你可以从以下几方面去努力。首先，不管多忙都不要放弃家庭。心理学家表示，平衡的家庭生活可以让工作更有效率，也是保持身心健康的良方。试着降低工作时数，分配一些时间给家庭，你的生活会更美好。

其次，培养自己的爱好。心理学家指出，一个健康的嗜好可以帮助你把工作狂的想法赶出你的脑袋，密西根大学社会学博士费雪尔表示，很多人只因为怕没事情做才变成工作狂，所以培养嗜好将可以让生活变得轻松愉快。千万不能把工作随身携带，假使一个工作狂虽然已经与家人在一起，或是拥有嗜好，但是却每时每刻带着与工作有关的电子用品，随时收看电子邮件，这样即使与家人在一起，一样等同在工作。所以，应该严格执行下班时就远离所有与工作有关的事物，如果真的有重要信件要处理，宁愿在办公室多花 15 分钟，也不要把工作带着走。

最后，一定要给自己留出休息的时间，保证充足的睡眠。研究显示，充足的睡眠可以帮助你工作更有效率，一个短暂却有效的 15 分钟补眠也可以帮助你理清工作带来的繁杂情绪。费雪尔博士说："如果你发现你有工作狂的症状出现，不妨将脚翘起，闭上眼睛，好好闭目养神一番，不但对身体有帮助，工作也会更顺手。"所以时间的安排是非常重要的，既要能完成任务又要能休息好，这就要求你有个工作清单，最好先列出一份工作日程表，将自己现时的所有工作项目和工作时间一一写明，然后考虑哪些可以完全放弃，或至少暂时放弃，哪些可交由他人或与他人合作完成，同时注重提高工作效率。最后，订出新的工作日程表，并请家人或同事予以监督。不要给自己安排得喘不过气来，要预留出一定的时间。

上面的建议并不是一些难事，其实只要你想做，就能做好。有句话叫“慢慢走，欣赏啊”，放慢生活的步调，别让工作占据你所有的时间，你会发现工作之外还有一片更迷人的天空。

在工作中寻找快乐

每个人都在为工作劳累奔波，都在埋怨因为工作所以不快乐，其实快乐是一种心境，你想让自己快乐就能快乐。在工作中你也要学会给自己快乐，每天用微笑诠释你的快乐！每天微笑多一点，每天快乐就多一点。工作在人的一生中占据很多时间，如果把工作中的快乐丢了，你的人生岂不失去了很多快乐。

要想在工作中寻找到快乐，心态是非常重要的，比如说，你如何去面对繁杂的事务，如何去面对上司的批评等等。这时你需要的是转换一下心境，换个角度思考问题，树立积极的工作态度，想象着每天都是新的，每天都将有新的收获。老板向你发火时，你明白自己错在什么地方，避免下次再犯；工作任务量大时，你学会用积极的心态去面对。这样你才会觉得工作中的很多繁杂的事其实不值得生气，在任何情况下你都能感到快乐。

美国前总统罗斯福的家曾经遭受盗窃，很多珍贵的东西都丢失了。一位朋友知道后，就马上写信安慰他，劝他不必太在意。罗斯福给这位朋友写了一封回信，信中说：“亲爱的朋友，谢谢你来安慰我，我现在很平安，感谢生活。因为，第一，贼偷去的是我的东西，而没伤害我的生命，值得高兴；第二，贼只偷去我的部分东西，而不是全部，值得高兴；第三，最重要的是，他是个小偷，我不是。”

由此可见心态是非常重要的，快乐的人在什么情景下都会快乐，就像罗斯福，家中被盗还能感到很快乐，因此在工作中一定要有个好心态让自己快乐。

如何在工作中寻找快乐呢？你不妨从以下几方面去做。

首先，保持一颗平常心，要根据现实调整自己对工作的期望值，避免好高骛远、追求完美。保持积极向上的心态，进行自己的职业规划，然后定出切实的目标。这样，当你看到别人功成名就时，你就不会感到心理不平衡，不会失落，闷闷不乐。

其次，要学会给别人快乐，快乐是会传染的，你的付出会有收获的，别人也会回报你快乐。如果你是领导，当员工向你问好的时候，给他一个精神饱满、自信的微笑与点头，员工可能就会保持一天的好心情，会认为你的微笑是对他的肯定与无声的赞扬，他就会更用心更积极的工作，从而提高了工作效率。如果你是一名普通的职员，学会用微笑诠释你的快乐，把你的快乐传递给身边的每一个人。老板会认为你热爱生活，热爱工作，积极向上，乐意与你交流与沟通，也将委以你重任；你身边的同事则感觉你和蔼可亲，容易与人相处，也愿意与你亲近。

最后，要学会排解烦恼，快乐总是和烦恼相互存在的，烦恼少了，快乐就多了。当感觉千头万绪，不知所措时，找一些知心好友，或有经验的长辈，或专业人士，说出内心的问题和恐惧。有时候，所面临的问题并不严重，只是在心慌意乱时无法冷静思考，如果能够倾诉、发泄，并听听别人的意见，或许能理清问题的症结所在，找出解决方法。此外还可以利用工作间隙闭目养神。尝试在头脑里联想一些美好的画面，比如，想象自己在蓝色的海边，远处白帆点点，海鸥飞翔，海风轻拂，海浪声声，令人心醉，进入一个你自己的“幻想世界”。当然听听音乐也是一种好办法，听着自己喜欢的音乐，心情就能慢慢地回复。

快乐工作其实不是件难事，只需要你的一个小小的改变，每天多点微笑，长此以往，你会发现你的生活充满快乐。

平衡事业与家庭

完整的人生不仅要有事业还要有美满的家庭，事业和家庭是同等重要的。就像是鸟的两只翅膀，缺了一个都不能展翅高飞的。因此，成功需要处理好家庭和事业之间的关系。

也许不同的人对家庭和事业的看法也是不同的，有些人认为家庭重要，有些人则认为事业重要。其实无论你更偏向哪方面，你都不能忽视另一方面的重要性。事业和家庭就像是人的两条腿，两条腿走路才能走得踏实、长远。工作出色可以为家庭提供更好的经济保障；家庭幸福也可以为工作创造稳定的“后勤”。事业和家庭是密不可分的，成功的人士总能做到两者兼顾。

杰罗姆·沃伦就是一个事业、家庭双丰收的人。在经历了最初创业的动荡、夜以继日之后，现在杰罗姆虽然也会常在各地东奔西跑谈项目、谈合作，但他却将家庭与健康列在了更为重要的位置上。在大部分时间里，杰罗姆的生活很有规律，按时上下班，经常与家人相处。即使出差在外，杰罗姆也时刻把家人放在心上。因此，杰罗姆家庭幸福，他也就能没有后顾之忧地去干自己的事业。

像杰罗姆这样把家庭和事业都照顾到了，才算真正的成功。假如你只是事业成功而家庭不幸，你就不可能幸福，老婆离婚了，孩子变坏了，你的家里冷冷清清，连个说话的人都没有。即使你在事业上获得巨大的成功，又有何人与你分享呢？你不敢回家，害怕孤独，于是你就更加疯狂地工作，你也就获得更大的成功。然而，你快乐吗？你幸福吗？当你看到别人的家庭其乐融融时，你会不会很惆怅？你会不会觉得自己丢失了很重要的东西？是的，你丢失了家庭，也丢失了幸福。而假如你事业失败，一家生活没有着落，当你和你的家人整天为吃饭穿衣而发愁，当你眼睁睁地看到你的孩子因为贫穷而耽误受教育，你难道还能感受到生活的乐趣吗？因此家庭和事业没有谁轻谁重的问题，两者都是每个人在生活中需要去努力争取的东西。

不要有先立业后成家的现代思想，也不要有先成家后立业的古代思想。其实成家和立业是没有什么先后之分的，它们是并列的关系，很多时候当你做完了前者，你会发现来不及做后者了。所以，你要放弃这种先后的想法，应该树立起同时双赢的意识。也许在不同时期你会有不同的偏重，但请你记住，偏重不等于偏颇。尤其是对一些职业女性，事业和家庭总让她们难以平衡。

王女士是一家知名家电企业的事业部经理，她的事业进展非常顺利，而且仍有进一步提升的机会。“我知道我的事业正在蒸蒸日上，可是如果要孩子，就只有五年的时间争取晋升。”她困惑地说，“我真的不知道什么样的职位才能既保证我做好工作，又使我有充足的时间和精力照料孩子。更重要的是，我已经与自己的男友谈了四年恋爱。”

许多女经理人总是不知道如何取舍。尤其是对于一些正处于事业蒸蒸日上的年轻女经理来说，这可能是令她们最头疼的问题。一想到结婚生子，她们就感到恐惧，不敢往前走，唯恐结婚生子会影响她们的仕途，影响事业发展的进程。但另一方面，又认为自己年龄已经不小了，到了该结婚生子的时候了，再也不能拖延了。所以这些女经理人对自己以后要走的路感到迷茫，不知道选择哪条路是正确的。事实上，没有必要把工作与家庭截然分开，可以把二者有机结合起来。

玛丽·韦尔斯·劳伦斯是一家公司的董事长。她精通生意经，知道如何富有成效地工作。除了主管她那家生意兴隆的广告代理公司，劳伦斯还要当家庭主妇。她成功地把这两方面肩负的责任都完成得很好。劳伦斯在与家人相处时，任何工作上的事情都能置之脑后，只是扮演家庭主妇的角色。劳伦斯没有把事业和家庭分开，而是完美地结合在一起，扮演着双重角色。

平衡家庭和事业之间的关系是需要一定的能力的，要做到保持平衡，需要不断地调整，你无法企及一种一成不变的平衡状态，而是需要持之以恒地努力维持平衡。因为外界环境变了，平衡就很会失衡，所以调整是至关重要的。

事业与家庭是你生活的两翼，只有两翼对称，你才不会失重，才能够展翅高飞。不要因为埋头事业而忽视家庭，也不要因为操持家庭而放弃事业。事业与家庭虽然有时候会有冲突，但并不矛盾，处理得当就会相得益彰。平衡家庭与事业，做事业与家庭的双赢家，才能收获真正的幸福。

平衡事业成功与家庭生活的步骤

家庭和事业就像是跷跷板的两端，如何让它不失去平衡，需要你去努力。你需要掌握一种平衡术，使得在拥有事业的同时又能拥有美满的家庭。

很多人认为平衡家庭和事业是不可能的。事业和家庭的平衡是一种挑战，它需要我们劳心劳力、知难而进。如果你不积极主动地寻求事业和家庭的和谐平衡，你的生活终将一片混乱，得不偿失。其实人生就是一个不断平衡的过程，你必须要把自己的精力有计划地加以分布，如此你的人生才是和谐的、圆满的。平衡不是一句空话，也不是一个神话，只要努力，你就有可能实现。

在心理上一定要坚信两者之间是可以平衡的。只要你愿意努力，只要你愿意付出，就能做。也许对女人而言，平衡事业与家庭会更难一些，但这并非意味着没有可能。无论你是正在外面打拼，还是你已经功成名就，你都必须时刻把家庭放在心上，关心每一位家庭成员。因为，你不仅要做一个成功的人，你还要做一个成功的女人。

当你从心理上意识到家庭和事业是可以平衡的，接下来你就要努力去做了。你可以从以下几方面来努力：

首先要学会把时间有计划地分割成休闲、工作、学习、与家人沟通等不同部分，在这张时间表里，能够看得到一个人的事业、家庭和个人，每一个角色都是有相对固定的时间去扮演。如果你用心去扮演不同的角色，角色之间的冲突就会减少，很多事情被事先避免了。

其次，要学会和家人沟通，获得家人的支持是极其重要的。调查显示，妇女在选择工作场所的条件，有 60% 的受访者，将“离家近”视为第一要素；58% 的人认为“上班时间可弹性调整”是重要因素；30% 的人将“工作时间短”列为优先考虑；只有 16% 的人认为“薪资和能力相当”是重要的。由此可见，职业妇女对于家庭的重视，似乎更在工作之上。

这个现象，尤其是在家中有年幼的孩子时，更为明显。将孩子的成长放在第一优先的女性，必须认识到：此时工作和婚姻生活的重要性，势必会相形降低，可能只能拿个六七十分。这时，必须与配偶进行沟通，以取得对方充分的支持。工作上，也必须认清：在这段时间内，升迁和加薪，或许都与自己无缘，坦然处之，爱其所择。有些女性，可能仍会以工作为第一选择。此时便须找到可以托付的保姆，照顾子女，工作之余，更要珍惜每一刻相处的时间，并加强心理建设，减低自责感。总之，一个已婚职业妇女，要在家庭和事业之间获得平衡，需要来自家庭的支持，让家庭成员去分担一些事物。

在平衡家庭和事业的过程中往往会受到一些压力，这时释放压力也是很重要的。要发挥好自己的专业和兴趣爱好。生命是有限的，人们除了工作、学习、生活外，每个人都有不同的兴趣和爱好，在有限的时间里，如果一个人将有益于健康的兴趣和爱好贯穿在他的一生中，不断地追求美好的东西，如美好的思想、美的行为等，不仅使她的人生经历变得丰富多彩，而且在追求的过程中能够体会到幸福和快乐，从而让她的生命的价值得到升华。积极参与社交活动，也可以调适自己的情绪。因工作和家庭的双重压力，保持一个良好的心理素质显得尤为重要，可多参与专业组织、会议及社团，结交志趣相投的朋友。压力的释放有助于你建立良好的人际关系，不会把情绪带到工作中去。

总之，你需要运用你的聪明智慧和坚持不懈的精神，才能平衡家庭和事业，同时你更需要家人的理解与支持。

似水流年，来日并不方长，人生，有太多的来不及。叩问往昔，是为开启明朝。

只要坚持
梦想总是可以实现的